화초·채소·공기정화 식물

365일 수경재배 식물 정복하기

글·사진 손현택

화초·채소·공기정화 식물

365일 수경재배 식물 정복하기

지은이 | 손현택
펴낸곳 | 지식서관
펴낸이 | 이홍식
디자인 | 지식서관 편집부
등록번호 | 1990. 11. 21 제96호
주소 | 경기도 고양시 덕양구 고양동 31-38
전화 | 031)969-9311(대)
팩스 | 031)969-9313

초판 1쇄 발행일 | 2021년 5월 25일

머리말

사람들은 수경재배를 이야기하면 뭔가 건강한 이야기라고 생각하지만 잠시 뒤 고개를 갸우뚱하면서 물어옵니다. 그런데 식물이 물만으로만 살 수 있겠습니까?

수경재배란 무엇인지 먼저 간단하게 기초 정보를 안내합니다.

수경 재배란 식물이나 작물을 토양 없이 물로만 키우는 것을 말합니다. 수경재배는 보통 아래와 같이 다섯 가지 정보를 숙지한 뒤 시작하는 것이 좋습니다.

물 : 수경재배는 수돗물로 시작할 수 있습니다.
산소 : 식물 뿌리는 물에 오랫 동안 100% 침수시키지 않습니다. 식물의 뿌리를 고인 물에 오랫 동안 방치하면 식물은 산소 부족으로 천천히 죽어갑니다. 해결책은 물을 빈번하게 갈아주거나 어항용 기포발생기를 설치합니다.
뿌리 : 식물 뿌리는 무언인가에 고정되는 것이 좋으며 이때 고정물은 물을 머금은 뒤 배출하는 성질이어야 합니다. 펄라이트, 코코넛 섬유, 황토볼, 토탄이끼가 좋고 물을 머금지 못하는 자갈류는 사용하지 않습니다.
영양소 : 양액(배양액), 즉 액체비료는 식물의 성장을 촉진시키는 영양소입니다. 비료 성분의 혼합 비율에 따라 양액의 산성도(pH)를 조절할 수 있습니다.
빛과 온도 : 식물은 생육 적온을 잘 맞추어주고 빛(조명)을 제공하면 수경 환경에서도 잘 번성하는데 특히 빛이 중요합니다.

위와 같이 다섯 가지 내용을 숙지하면 거의 모든 식물들이 수경재배에서도 마치 흙에서 재배하듯 잘 자라게 됩니다.

2021. 04. 05 손현택

Contents

Part 3. 우리집 화초 수경재배

Part 4. 공기정화 식물 수경재배

Part 1

우리집 수경재배 시작하기

초보자도 누구나 할 수 있어요

수경재배(양액재배, Hydroponics)

1. 수경재배(양액재배)란 무엇일까?

수경재배란 토양 없이 순수한 의미의 물을 사용한 식물 재배법을 의미한다. 하지만 물만으로는 식물이 왕성하게 생장할 수 없으므로 물에 각종 영양분(비료, 배양액)을 혼합해 재배하기 시작했는데 이 때문에 양액재배라고도 한다. 이때의 식물은 영양분이 있는 액체에 노출된 뿌리를 통해 양분을 흡수하면서 생장한다. 수경재배는 물과 영양소(양액) 외에도 빛, 온도, 적합한 pH 수준을 필요로 한다.

영양소는 통상 물에 비료를 희석한 뒤 공급하는데 이를 양액 또는 액체비료라고 하고, 물고기의 배설물도 양액으로 사용할 수 있다.

수경재배는 뿌리를 고정할 목적하에 흙 대신 황토볼, 펄라이트, 코코넛 섬유 등의 물리적 재료를 배지(培地)로 사용할 수 있다.

수경 재배용 작물은 특별한 작물이 있는 것이 아니라 상추 같은 잎채소 작물, 고추 같은 열매 작물, 선인장 같은 다육 식물, 뿌리를 먹는 뿌리 작물, 각종 약초는 물론 허브 식물도 재배할 수 있다. 처음 수경재배를 하는 사람이라면 잎채소 작물과 허브 식물이 딱 좋다.

물을 자동으로 급수할 수 있는 장치가 있는 자동 수경재배기(대형)

2. 수경재배 용기의 구조

수경재배 용기는 재배 방법에 따라 두 가지 방식이 있다.

수경재배(양액재배) 용기

물이나 양액으로만 재배할 때의 방식이다.

반수경재배 용기의 구조

물에 약한 식물을 반수경으로 재배하려면 플라스틱 생수병이나 수경용 이중 화분을 사용한다. 매일 물갈이의 편리성은 이중 화분이 좋다.

뿌리가 어느 정도 튼튼하면 황토볼을, 뿌리가 연약한 수염뿌리이면 플라스틱/고무 하이드로볼로 재배하면 뿌리의 손상을 막을 수 있다.

작고 귀여운 미니 수경재배 화분들

수경재배의 종류와 방법은?

1. 일반 수경재배

일반 용기를 이용한 재배

컵, 플라스틱 용기, 꽃병, 유리병 등에 물을 넣고 수경 재배하는 방식이다.

전용 수경 용기를 이용한 재배

생수병, 이중 화분, 상자형 전용 수경재배기에서 재배할 수 있다.

담액식 수경재배

플라스틱 수조나 스티로폼 상자에 물을 채워 스티로폼 뚜껑을 덮고 상단에 포트(구멍)를 일렬로 내어 식물을 설치한 뒤 재배하는 방식이다. 물이 수조 내에 고여 있기 때문에 기포 발생기를 설치해 수중 산소 농도를 증가시켜야 한다. 수경식물의 생장 발육에 좋은 수중 산소 농도는 6ppm, 물(양액)의 산성도는 5.5~7pH가 좋은데 6.0~6.5pH가 적합하다.

빈 병을 활용한 수경재배

플라스틱으로 된 수경재배 전용 화분

종이컵이나 수경용 종이 상자, 재활용 컵라면 컵은 식물의 씨앗을 발아시킨 뒤 모종으로 육종할 때 요긴하게 사용할 수 있다.

2. 시스템을 이용한 자동 수경재배

자동 수경재배란 미리 입력한 시간이나 타이머로 지정한 시간에 자동으로 물을 흐르게 하는 수경재배기를 말한다. 고급 제품은 독립적으로 물이나 양액을 공급할 수 있는 저수통과 함께 독립적인 LED 조명이 부착되어 있다. 최근 볼 수 있는 보급형 자동 수경재배기는 물만 정해진 시간에 공급할 수 있고 조명 장치는 없는 경우도 있다.

방막식 자동 수경재배기

타이머를 동작시켜서 일정 시간/일정 간격으로 물을 설정한 분초만큼 흐르게 하여 뿌리에 물을 접촉시키는 방식. 가정용과 농업용이 있다.

분무식 자동 수경재배기

타이머를 동작시켜서 일정 간격/일정 시간에 설정한 분초만큼 작물에게 물을 분무하는 재배 방식. 대형 농작물 수경재배 공장에서 사용한다.

양액 재배

방막식, 분무식 재배에서 순수 물 대신 양액(비료 성분이 있는 물)으로 재배하는 방식이다. 비료를 많이 먹는 작물을 키울 때 유용하다.

자동 수경재배기의 LED 조명

자동 수경재배기의 저수통

자동 수경재배기는 그림처럼 독립적인 저수통에 물이나 양액을 미리 급수한 후 타이머를 가동해 정해진 시간이나 정해진 간격(통상 1~3시간 간격)에 지정한 시간만큼(통상 5~20분) 물을 흘려보내면서 뿌리에 수분을 공급하기 때문에 수경재배를 자동으로 할 수 있다. 타이머 조작법은 제품마다 다르므로 전용 메뉴얼을 참고한다.

베란다에 놓고 사용하는 가정용 수경재배기(고양꽃박람회 홍보 상품)

수경재배 식물의 고정은 스폰지, 코코넛섬유, 주방용 거름망 등을 사용한다.

3. 반수경재배(황토볼 및 LECA 경량 황토볼 재배)

식물 대다수는 수경재배를 할 수 있지만 몇몇은 과습에 의해 고사하기도 한다. 만일 물의 과습을 제어하려면 자동 수경재배기가 가장 좋지만 예산이 필요하다. 이 경우 물을 머금은 뒤 방출하는 수경용 인공 돌인 하이드로볼(황토볼 등)을 이용한 반수경재배법이 물에 약한 식물에 좋다. 황토볼을 이용한 반수경재배는 물을 머금고 있다가 식물 뿌리의 증산작용에 필요한 물을 배출하고 통기성을 확보해 준다. 반수경재배는 공기정화 식물에 특히 잘 작동하고, 유럽의 LECA(경량) 황토볼은 난초 반수경재배에 좋다. 반수경재배는 식물의 장기간 생존과 과습 방지, 물 관리의 편리성이 있다.

원하는 하이드로볼(황토볼이나 LECA 경량 황토볼)을 준비한다. 수정토나 크리스탈볼 같은 반 고무 성질의 플라스틱으로 된 하이드로볼도 사용할 수 있다. 플라스틱 하이드로볼은 물을 머금으면 조금 팽창하는 성질이 있다.

플라스틱병을 준비한 후 플라스틱병의 측면(밑에서 위로 약 10~60% 지점)에 배수 구멍을 2~4개를 뚫어 물이 원하는 부분까지 차도록 수위를 제한해 준다. 그 뒤 식물 뿌리를 설치하여 황토볼을 뿌리 위까지 채운 후 물을 급수하면 마치 흙에서 재배하듯 싱싱하게 자라는 것을 볼 수 있다.

수경재배 식물 준비 방법 1

모종으로 수경재배용 식물 준비하기

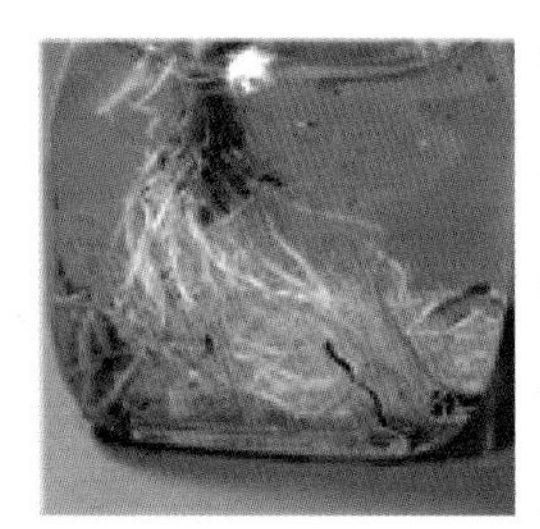

수경재배용 식물로 꽃집에서 판매하는 각종 초화류의 모종이나 어린 식물을 사용하는 방법이다. 수경 재배를 하기 전에 뿌리의 흙을 완전히 제거하는 것이 핵심이다. 물에 장시간 담가두면서 뿌리의 흙을 깨끗이 세척해서 없애준다. 이때 뿌리가 손상되지 않도록 주의한다.

뿌리를 깨끗이 세척한 식물을 플라스틱 채 같은 고정 시설이 있을 경우 고정 시설에 설치한 후 물에 담그면 수경재배를 할 수 있다. 이때 뿌리의 100%가 물에 잠기지 않도록 주의한다. 식물에 따라 다르지만 통상 뿌리의 80% 정도만 물에 잠기면 된다.

식물을 고정할 전용 장치가 없으면 스폰지 등으로 식물의 뿌리 위 줄기를 고정하여 수경재배 용기에 설치한다. 이 경우도 물을 급수할 때는 뿌리 부분의 80% 정도까지만 물을 채워준다.

수경재배 식물 준비 방법 2

씨앗(종자) 발아로 수경재배용 식물 준비하기

씨앗의 발아는 보통 봄이 좋지만 실내에서 발아시킬 경우 발아 적합 온도만 지켜주면 연중 어느 때나 발아시킬 수 있다. 또한 대부분의 식물들은 물만으로도 발아할 수 있다.

꽃집 또는 원예도매상가에서 종자(씨앗)를 구입한다. 종자에 따라 다르지만 온수(미지근한 물에서 뜨거운 물의 중간 정도)에 2시간 이상 담근 뒤 파종하면 발아 기간을 며칠 단축할 수 있다.

종이타월이나 스폰지에 원하는 만큼 종자를 올려놓는다. 수도에서 미리 받아놓은 미지근한 물을 부어 촉촉하게 만든다. 햇빛이 잘 들어오는 장소에 놓되 발아 적온을 유지하면 식물 품종에 따라 2~30일 뒤 발아한다.

종자의 외피가 벗겨지면서 발아하는 모습이다. 종자의 외피가 갈라지면서 뿌리가 나오기 시작하는데, 이때 종자의 육질 부분은 떡잎으로 자란다.

이 상태에서 맨 처음 파종에 사용한 종이타월이나 스폰지에서 계속 키울 수 있다. 물은 계속 뿌리에 닿도록 매일 촉촉하게 갈아준다. 식물 재배용 스폰지로 키우려면 먼저 스폰지 상단 가운데를 연필칼로 십자(+) 형태로 가른다.

십자(+)로 가른 부분에 발아한 싹의 뿌리를 아래로 하여 심는다. 종이타월에서 계속 키워도 상관없다. 물은 뿌리 부분에 충분히 닿도록 매일 촉촉하게 급수한다. 발아 후에는 햇빛이 잘 드는 곳에 두고 실내 온도를 매우 주의한다. 물을 하루 까먹거나 찬 바람에 노출되면 싹이 바로 고사할 수도 있다.

떡잎 외 본잎이 3~5매까지 생장하려면 1개월은 소요된다. 본잎이 3~5매가 되면 스폰지까지 통째로 수경재배기로 옮기거나 스폰지는 제거하고 식물만 옮긴다. 참고로 씨앗을 모종으로 키우기까지는 생존율도 낮고 햇빛과 시간, 정성이 필요하므로 보통은 모종을 구입해 수경재배하는 것이 좋다.

허브식물의 수경재배

허브 식물 또한 수경재배가 잘 된다. 세이지, 파슬리, 오레가노, 로즈마리, 박하, 딜, 타임, 카모마일 등은 하루 6시간 햇빛을 제공하면 양호한 성장을 보인다.

수경재배와 반수경재배 선택 방법

수경재배는 적합한 식물군이 있는 것이 아니라 대부분의 식물들을 수경재배할 수 있다. 그러나 이 중에는 수경재배에서 생존력이 낮은 식물이 있다. 일반적으로 잎을 먹는 채소 작물은 수경재배가 잘 되지만 뿌리 작물과 일부 다육식물, 일부 공기정화 식물은 수경재배 대신 반수경재배가 생존 기간을 늘리고 물 공급에도 유리하다.

잎채소 작물	수경재배가 편리
허브/약초 작물	
화초/열매 작물	
뿌리 작물	
공기정화 식물	반수경재배가 편리

수경재배에 필요한 비료와 햇빛

씨앗의 발아는 비료 없이 물만으로도 발아가 되기 때문에 보통은 비료를 주지 않아도 된다. 씨앗은 그 자체가 영양 성분이기 때문에 씨앗만으로도 햇빛, 온도, 수분 조건만 적합하면 발아가 되는 것이다.

발아 후 모종으로 육종하거나 모종을 수경재배기로 이식한 후 재배할 때는 생장을 촉진하기 위해 비료를 공급한다. 비료는 수경재배용 양액(액체비료)을 사용하거나 고체비료를 물에 희석해 사용한다. 수경용 비료는 인터넷에서 구입하고 전용 사용 설명서를 참고한다.

햇빛은 수경재배에서도 매우 중요한 요소이다. 한 예로 공기정화 식물은 창문이 흰색으로 반차광 코팅된 외풍이 없는 베란다에서 아주 잘 자란다. 상추 같은 엽채류는 햇빛이 없으면 고사하므로 하우스 시설처럼 어느 정도 햇빛이 들어오는 환경이 적합하지만 수경용기에 녹조가 발생하지 않도록 용기 부분을 햇빛에서 가려준다.

Part 2

우리집 채소 수경재배

우울증에 좋은

들깨(깻잎)

꿀풀과 한해살이풀 *Perilla frutescens* 꽃 8월 높이 1m

들깨는 들깨기름으로 유명한 향미 채소이다. 잎을 깻잎이라고 부르며 고기쌈이나 각종 찌개요리에 넣어 먹는 가정집 식탁과는 아주 친한 식물이다. 들깨는 농촌은 물론 도시의 텃밭이나 화단에서도 흔히 만날 수 있다.

줄기는 높이 50~100cm로 자란다. 잎은 마주나고 가장자리에 톱니가 있다. 잎을 깻잎이라고 부르면서 식용하는데 쌈채소로도 좋고 깻잎김밥이나 깻잎볶음 따위로도 맛있게 먹을 수 있다.

꽃은 8~9월에 줄기 끝에서 총상꽃차례로 흰색의 자잘한 꽃들이 달린다. 수술은 4개이고 그 중 2개가 길다. 9~10월에 결실을 맺는 열매를 압착한 것이 들기름이다.

들깨는 쌈채소로 흔히 먹지만 약용 효능도 좋은 편이다. 들깨 종자를 압착해서 만든 들기름은 불포화지방산 함량이 높기 때문에 올리브 기름 못지않은 건강에 좋은 기름이다.

종자는 가래, 기침, 호흡곤란, 천식에 사용하며 줄기는 소화촉진, 우울증, 임신복통에 사용하고 잎은 기침, 발열, 해표, 천식, 설사에 좋다.

원예 특징

햇빛 아래에서 잘 자란다. 토양은 가리지 않으며 비옥하고 습한 토양에서는 종자 결실량이 떨어진다. 5월 하순 전후 파종한 뒤 모종을 육종하고 6월 하순 전후에 본밭에 이식한다. 늦봄이면 동네 꽃집에 모종이 상품으로 나오기 때문에 파종을 하지 않아도 모종을 쉽게 구할 수 있다. 들깨는 꿀풀과(박하과) 식물이 그렇듯 수경재배가 잘 되는 식물이다.

들깨(깻잎) 수경재배 가이드

액비를 주면 식물체도 크고 왕성하게 자라기 때문에 가정집에서도 자동 수경재배기나 담액식 재배기를 이용해 10포기 이상 대량 재배할 수 있다. 가정집의 담액식 재배기는 보통 큰 김치통이나 사각형 대야 혹은 욕조 같은 플라스틱 상자에서 재배하되 포기를 고정시키기 위해 윗면은 스티로폼 재질의 뚜껑 따위를 사용하고 물의 용존 산소를 높이기 위해 기포발생기를 수조에 설치한다.

봄~여름에 꽃집에서 들깨 모종을 구입한다.

대야에 물을 채워 뿌리만 잠기도록 담근 후 반나절 정도 둔다. 그 뒤 흔들어서 뿌리의 흙을 제거하고 샤워기로 잔여 흙을 제거한다.

수경재배 용기에 식물체를 설치한 뒤 뿌리의 70~80%가 물에 잠기도록 물을 채운다. 첫 1주일은 물을 매일 갈아주고 그 뒤에는 1주일에 2회 물을 갈아준다. 액체비료를 공급하면 잎이 무성하게 달린다.

담액식 수경재배는 큰 플라스틱 용기에 스티로폼 뚜껑을 덮고 뚜껑 표면에 한 포기씩 꽂을 수 있는 포트(구멍)를 일정 간격으로 여러 줄 만든 뒤 각 구멍마다 한 포기씩 설치한다. 수조 안에는 산소를 공급할 목적으로 기포발생기를 설치한다. 자동 수경재배기에서 재배하면 아주 잘 자라지만 너무 무성해져서 관리가 어려울 수 있다.

들깨 수경재배기는 하루에 최소 6시간 햇볕이 들어오는 창가에 배치한다. 주방과 가까운 창가에 배치하면 더 좋다.

감기예방, 피로회복, 빈혈에 좋은

갯기름나물(방풍나물)

산형과 3년살이풀 *Peucedanum japonicum* 꽃 6~8월 높이 1m

가정에서 방풍나물이라고 부르면서 반찬으로 무쳐 먹는 이 식물의 정식 명칭은 '갯기름나물'이다. 우리나라 남서해안의 바닷가 모래사장에서 자라는 것이 봄나물로 인기를 얻자 하우스에서 대규모 재배를 시작하였다. 지금은 수경재배 농작물로도 아주 인기가 있을 정도로 수경재배법도 많이 개발되었다.

방풍나물의 줄기는 높이 1m로 자라고 사방으로 잔가지가 많이 갈라진다. 잎은 어긋나기하며 잎자루가 길고 2~3회 우상복엽이며 잎의 색상은 백록색이다.

꽃은 6~8월에 겹우산모양꽃차례에서 흰색의 자잘한 꽃들이 모여 달린다. 열매는 잔털이 있고 타원형이다.

방풍나물은 주로 뿌리를 약용하지만 집에서 반찬으로 먹는 잎도 두통, 감기, 발한, 빈혈, 피로회복 등에 효능이 있다.

갯기름나물(방풍나물) 수경재배 가이드

방풍나물의 번식은 종자번식으로 한다. 남부지방 식물이기 때문에 중부지방에서는 하우스에서 재배한다. 식물공장에서 대량 수경재배도 가능한 식물이다. 수경재배할 때 잎을 수확해 나물로 섭취할 수 있는데 보통 10~15일 간격으로 수확할 수 있다.

● ● ●

봄에 꽃집에서 방풍나물 모종을 구입하거나 종자를 파종해 모종을 육종한다.

모종을 집으로 가져온 뒤 대야에 물을 채우고 뿌리만 잠기도록 담근 후 반나절 정도 둔다. 그 뒤 흔들어서 뿌리의 흙을 제거하고 뿌리를 샤워기로 조심스럽게 세척하면서 잔여 불순물을 제거한다.

자동 수경재배 시스템에 식물체를 설치하고 양액을 일정 간격으로 흘려보낸다. 또는 입구가 넓은 수경 용기에 설치한 뒤 뿌리의 70~80%가 물에 잠기도록 물을 채우고 물을 수시로 교체해 준다.

담액식 수경재배를 하려면 여러 포기를 동시에 재배할 수 있는 큰 플라스틱 용기에 스티로폼 뚜껑을 덮고 뚜껑 표면에 한 포기씩 꽂을 수 있는 구멍을 여러 줄 만든 뒤 각 구멍에 한 포기씩 넣어서 설치한다. 용기 안 물속에 산소를 원활히 공급하도록 기포발생기를 설치한다.

재배기를 하루에 최소 6시간 이상 햇빛이 들어오는 창가에 배치한다. 겨울에는 밤 추위에 동사하지 않도록 외풍이 없는 장소로 이동시킨다.

심기(心氣)를 편안하게 하는 향미 채소

쑥갓

국화과 한/두해살이풀 *Glebionis coronaria* 꽃 5~6월 높이 60cm

각종 생선찌개에 넣어서 먹는 쑥갓은 수경재배가 잘 되는 식물이다. 쑥갓은 잎이 무성하기 때문에 잘만 키우면 여름 내내 쑥갓 잎을 수확할 수 있다. 관상용의 경우에는 빈 병에 꽂아만 두어도 10일 이상 잘 자란다.

잎은 어긋나고 2회 우상으로 갈라지며 잎자루는 없다. 꽃은 5월에 피는데 흰색~노란색이고 생김새는 일반 국화과 꽃과 비슷하다.

쑥갓은 수경재배가 잘 되는 식물이지만 식용할 때마다 한꺼번에 많이 수확해서 사용하는 식물이다. 따라서 수확할 때마다 다량 수확하려면 수경재배도 밀식해서 재배하는데 그럴 경우 실내에서 햇볕을 받지 못하는 쪽은 생장 상태가 불량하다. 이런 점을 참고해 담액식으로 재배하되 스티로폼 위에 모종을 촘촘히 심는다.

쑥갓은 향미 채소의 하나로 각종 생선찌개에 넣거나 날것을 고추장에 찍어 먹기도 한다. 보통은 생선찌개와 잘 어울리지만 데친 후 참기름에 무쳐 먹어도 맛있다.

잎은 한방에서 심기(心氣)를 편안하게 하고 갑자기 담에 걸렸을 때 효능이 있는데, 반찬으로 섭취하면 된다.

원예 특징

파종은 봄·가을에 한다. 종자를 직접 노지에 줄뿌림하거나 흩어뿌릴 수 있고, 젖은 주방타월이나 묘상에서 발아시킨 후 이식할 수도 있다. 발아 적온은 10~35도이지만 발아율이 낮을 뿐만 아니라 모종으로 키울 때 허약한 모종은 생존하지 못하므로 재배할 분량의 20배를 파종한다.
잎은 길이 15cm, 본잎이 10장 이내일 때부터 수확해서 식용할 수 있다.

쑥갓 수경재배 가이드

쑥갓 수경재배는 모종이나 종자로 할 수 있다. 종자로 번식할 경우 촉촉한 주방타월이나 스폰지에 종자를 파종한 뒤 잎이 3~4매일 때 수경재배기로 스폰지와 함께 통째로 이식한다.

봄에 꽃집에서 쑥갓 모종을 구입한다. 또는 봄이 오기 전 실내에서 촉촉한 스폰지에 종자를 파종한 후 육모한 후 잎이 3~4매일 때 수경재배를 준비한다.

뿌리가 마르지 않도록 상자나 신문지에 포장한 뒤 집으로 가져온다. 대야에 물을 채워 뿌리만 잠기도록 담근 후 반나절 정도 둔다. 그 뒤 흔들어서 뿌리의 흙을 제거하고 샤워기로 잔여 흙을 제거한다.

입구가 넓은 수경 용기에 식물을 설치한 뒤 뿌리의 70~80%가 물에 잠기도록 물을 채워준다. 첫 일주일은 물을 매일 교체하고 다음 주 때부터는 일주일에 2~3회 물을 갈아준다.

담액식 수경재배를 하려면 20여 포기를 동시에 재배할 수 있는 큰 플라스틱 용기에 스티로폼 뚜껑을 덮고 뚜껑 표면에 한 포기씩 꽂을 수 있는 포트(구멍)를 일정 간격으로 뚫은 뒤 각 포트마다 한 포기씩 넣어서 설치한다. 용기 안 물속에 산소를 원활히 공급할 목적으로 기포발생기를 설치한 뒤 물을 채운다.

쑥갓은 햇빛을 많이 필요로 한다. 수경 재배기를 하루에 10시간 이상 햇볕이 들어오는 창가에 배치하고, 겨울 밤에는 추위에 동사하지 않도록 외풍이 없는 곳으로 옮긴다.

시력과 항암 성분이 있는

가지

가지과 한/여러해살이풀 *Solanum melongena* 꽃 6월 높이 1m

가지는 우리나라 환경에서는 한해살이풀이지만 열대 원산지에서는 여러해살이풀이다. 가지라고 불리는 열매에는 안토시아닌 색소가 풍부해 시력에 좋은 작물로 알려져 있다. 가지는 줄기가 1m로 자라고 잔가지가 많이 갈라지기 때문에 수경재배를 할 때는 1~2포기씩 재배해야 한다.

가지의 원줄기는 높이 1m로 자라고 잔가지가 많이 갈라진다. 잎은 어긋나게 달리고 긴 잎자루가 있고 잎의 좌우가 같지 않다.

꽃은 6~9월에 자주색으로 개화하고 꽃 모양은 벌어진 종 모양이고 수술은 5개, 꽃밥은 황색이다. 열매는 9월경에 성숙하는데 품종에 따라 검은색, 자주색, 홍자색, 백록색, 백색 열매가 열린다.

국내에서는 가지 열매를 보통 가지찜으로 찐 뒤 간장 등에 무쳐서 섭취하지만 서양에서는 각종 볶음, 튀김, 조림, 구이, 카레, 스튜, 수프 요리에 넣어 먹는다.

가지 수경재배 가이드

가지는 예상 밖으로 수경재배가 잘 되는 식물이다. 물론 대부분의 식물이 수경재배가 되지만 가지는 오래 전부터 수경재배를 연구해 왔고 현재는 겨울 출하 목적으로 하우스 수경재배가 성황이다.

봄에 꽃집에서 가지 모종을 2개 구입한다. 하나만 키우다가 수경재배에서 실패하면 빈손이 되므로 보통 2개를 재배해 본다.

대야에 물을 채워 뿌리만 잠기도록 담근 후 반나절 정도 둔다. 그 뒤 흔들어서 뿌리의 흙을 제거하고 뿌리를 샤워기로 조심스럽게 세척한다.

입구가 넓은 수경 용기에 2포기를 따로 설치하되 스폰지로 줄기를 고정해 준다. 뿌리의 70~80%가 물에 잠기도록 물을 채운다. 물은 2~3일에 한 번 갈아준다. 점점 크게 자라기 때문에 나중에는 양동이처럼 큰 재배기로 2포기를 모두 옮긴 후 담액식이나 반수경재배로 전환하고 지주대를 설치해 줄기가 쓰러지지 않도록 유인한다.

5~10포기 정도는 담액식 재배기로도 허용 공간이 없으므로 자동 수경재배기로 재배한다. 가지 모종을 쭉 설치한 후 일정 간격으로 물이나 양액을 흘려보내는데 생장 상태를 보아가며 양액 농도와 공급 주기를 변경한다.

가지 수경 재배기는 하루에 10시간 이상 햇빛이 들어오는 베란다에 배치하되 여름 고온기에는 햇빛을 차광하고, 열매 결실을 맺으려면 수분 작업과 순지르기를 해준다. 수경재배이지만 열매를 얻으려면 일반 노지 가지 농사처럼 재배 관리를 해야 한다.

혈액순환, 가래 기침에 좋은

곰취

국화과 여러해살이풀 *Ligularia fischeri* 꽃 7월 높이 2m

곰이 좋아하는 취나물이라고 하여 곰취라는 이름이 붙었다. 깊은산의 습한 곳이나 풀밭에서 자생한다. 잎은 쌈밥집에서 쌈거리로 많이 먹는데 특유의 향과 씁쓰름한 맛이 일품이다.

줄기는 높이 1~2m로 자란다. 뿌리에서 올라온 잎은 콩팥 모양이고 너비 40cm, 잎자루까지 포함하면 길이 80cm까지 자라는 경우도 있다. 꽃이 피기 전의 손바닥만한 어린 잎이 쌈밥집에서 흔히 먹는 곰취 잎이다.

꽃은 7~9월에 총상꽃차례로 동전 크기의 꽃이 피는데 흔히 보는 국화과 꽃과 비슷하지만 꽃의 색상은 노란색이다.

열매는 수과의 원통형이고 민들레 열매처럼 관모가 수북하게 붙어 있다.

번식은 종자와 분주로 할 수 있다. 발아 적온은 15~21도, 육묘 적온은 15~25도, 파종 후 통상 2주 뒤 50% 발아한다.

화초 특징

뿌리를 호로칠이라고 하며 약용한다. 혈액순환, 지통, 가래, 타박상, 해수, 백일해에 효능이 있고 혈액순환에 좋다. 3~10g을 달여서 복용하거나 잎을 쌈채나 나물로 자주 섭취한다.

곰취 수경재배 가이드

곰취는 농업적으로 수경재배 역사가 짧지만 역시 수경재배가 되는 식물이다. 곰취는 잎이 크고 잎을 수확하는 것이 목표이기 때문에 약간의 고정 시설이 필요하고 따라서 일반적인 수경재배보다는 자동 수경재배 시스템에서 재배하는 것이 좋다.

봄에 꽃집에서 곰취 모종을 2개 구입한다. 하나만 키우다가 수경재배에서 실패하면 빈손이 되므로 보통 2개를 재배해 본다.

대야에 물을 채워 뿌리만 잠기도록 담근 후 반나절 정도 둔다. 그 뒤 흔들어서 뿌리의 흙을 제거한 뒤 샤워기로 뿌리에 남아 있는 잔여물을 조심스럽게 제거한다.

입구가 넓은 수경 용기에 2포기를 따로 설치하되 스폰지로 줄기를 고정해 준다. 뿌리의 70~80%가 물에 잠기도록 물을 채운다. 물은 2~3일에 한 번 갈아주고 성장이 불량하면 양액을 추가해 준다.

10포기 정도는 자동 수경재배기나 반수경재배를 한다. 방막식 시스템이나 분무식 수경재배 둘 다 사용할 수 있다. 재배 시스템에 곰취 모종을 쭉 설치한 후 일정 간격으로 물이나 양액을 공급하되 생장 상태를 보아가며 양액 농도나 물 공급 간격과 시간을 조절한다.

곰취 수경재배기는 베란다의 반그늘 서늘한 장소에 배치한다. 여름 직사광선에는 잎이 타들어가므로 햇빛을 차광한다.

자양강장에 좋은

강낭콩

콩과 덩굴성한해살이풀 *Phaseolus vulgaris* 꽃 7월 길이 2m

원산지는 남미 열대지방이고 국내에서는 주로 밭이나 텃밭에서 재배한다. 확실하지 않지만 페루의 약 4천 년 전(BC 2300년) 유적지에서 재배한 흔적이 발견되었다. 이것이 BC 500년경 해안선을 따라 확산된 후 북미대륙 전체에도 퍼졌다. 품종에 따라 덩굴성과 비덩굴성 강낭콩이 있다.

강낭콩의 잎은 어긋나고 삼출복엽이다. 꽃은 7~8월에 피고 품종에 따라 흰색, 빨간색, 자주색 꽃이 있다. 줄기에는 털이 있고 열매는 꼬투리형, 모양은 원통형~납작한 원통형이다. 꼬투리 안에는 종자가 1~9개 들어 있고 이것을 강낭콩이라고 부르면서 식용한다. 어린 잎은 사람이 식용할 수 있지만 보통은 가축의 사료로 사용한다.

강낭콩은 붉은콩, 검정콩, 흰콩 등의 품종이 천차만별이기 때문에 유전 관계를 파악하는 것이 불필요할 정도이다. 실제로 종자를 보면 품종에 따라 종자의 표면색이 다양하고 점박이 무늬가 있다. 강낭콩은 해열, 이뇨, 종기, 자양강장 등에 효능이 있다.

원예 특징

농촌에서는 길가나 좁은 땅에 흔히 심고 소금기에 약해 해안가에서는 재배하지 않는다. 콩과 식물 중에서는 저온에 가장 잘 견디는 편이다. 여름철 고온다습한 환경에서는 열매가 결실을 잘 맺지 않으므로 주의한다. 번식은 종자로 한다.

강낭콩 수경재배 가이드

강낭콩도 수경재배가 잘 되는 식물이지만 잎사귀가 크기 때문에 일정 이상으로 성장했을 때는 반수경재배나 화분으로 이식하는 것이 관리 면에서 유리하다. 강낭콩은 다습한 환경을 싫어하므로 아파트 베란다에서는 자동 수경재배나 반수경재배를 한다.

봄에 꽃집에서 강낭콩 모종을 구입한다. 종자 번식은 8도 이상이 필요하지만 온도를 15도 이상으로 올리면 통상 10일 이내에 발아한다.

대야에 물을 채워 뿌리만 잠기도록 담근 후 한나절 정도 둔다. 그 뒤 흔들어서 뿌리의 흙을 제거한 뒤 뿌리의 잔여물을 샤워기로 조심스럽게 세척한다.

잎만 감상할 예정이면 입구가 넓은 수경 용기에 모종을 설치하되 스폰지로 줄기를 고정해 준다. 뿌리의 70~80%가 물에 잠기도록 물을 채운다. 물은 2~3일에 한 번 갈아주고 성장 상태에 따라 양액을 섞어서 공급한다.

5포기 이상, 열매 결실이 목표이면 자동 수경재배나 반수경재배를 한다. 재배 시스템에 모종을 쭉 설치한 후 일정 간격으로 물이나 양액을 흐르게 하면 되는데 생장 속도를 보아가며 양액 농도와 물의 공급 간격과 시간을 조절한다.

수경재배기는 베란다의 통풍이 잘 되는 양지에 배치한다. 여름 고온기에는 25도 이하를, 겨울 저온기에는 13도 이상을 유지해야 꼬투리 안의 콩 수가 많아지고 결실 불량률도 낮아진다.

소화불량에 좋은

고수

산형과 한해살이풀 *Coriandrum sativum* 꽃 6월 높이 60cm

중국, 인도, 동남아시아에서 향신료 음식으로 사용하는 고수는 중국요리에서는 샹차이(香菜)라고 부른다. 원래 동유럽이 원산지이지만 동남아시아에 널리 퍼졌다. 국내에서는 전국의 밭에서 재배하거나 원래는 사찰을 중심으로 알음알음 재배하였다. 고수가 일반적으로 들어가는 음식은 베트남 쌀국수와 카레 분말 등이고, 국내 향토 음식으로는 고수김치가 있다. 중국 본토 음식에서는 흔하게 먹지만 국내 중국집에서는 거의 사용하지 않는다.

잎에서 심한 빈대 냄새가 나기 때문에 빈대풀이라고도 불린다. 뿌리에서 올라온 잎은 잎자루가 길고, 위로 올라갈수록 짧아지며, 잎은 1~3회 우상복엽으로 갈라진다.

꽃은 6~7월에 가지 끝에서 우산모양꽃차례로 자잘한 꽃들이 달린다. 열매는 분과이고 7월부터 출현한다.

고수는 싱싱한 잎과 뿌리를 각종 국물 요리 등에 사용하고 열매는 향신료로 사용한다. 보통은 비누 맛이 난다고 하는데 좋아하는 사람들은 레몬 맛 같다고 말한다. 향이 고약하기 때문에 처음에는 역겹지만 익숙해지면 점차 먹을 만하다. 원래는 동유럽~지중해 일원에서 자생하던 것이 기원전후에 동남아시아와 중국으로 전래된 것으로 보인다.

수경재배시 잎이 크게 자라면 바로 잘라서 베트남국수 등에 넣어 먹는다. 그렇지 않으면 잎이 쓰러지면서 죽어가므로 주의한다.

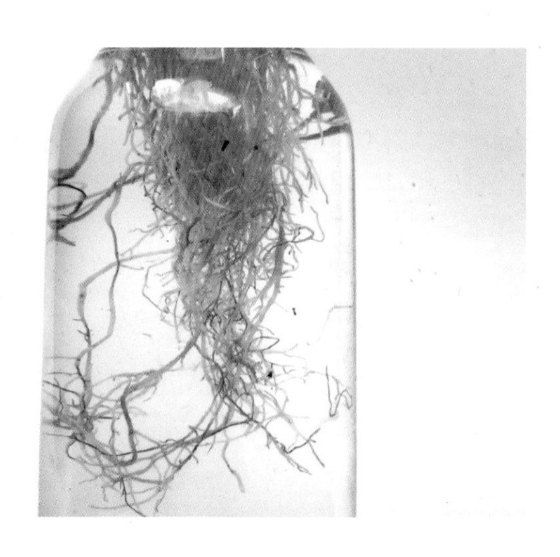

원예 특징

약간 난대성 성질이므로 국내에서는 보통 남부지방에서 재배한 뒤 출하한다. 번식은 분주 번식도 힘들고 이식도 힘든 편이지만 종자 번식은 아주 잘 된다. 생장 속도가 빠른 반면 단명하는 속성이 있다. 파종은 봄, 가을에 할 수 있으며 잎을 다량 수확하려면 가을 파종이 유리하다.

고수 수경재배 가이드

고수는 수경재배가 아주 잘 되는 식물이다. 종자로 번식할 경우 젖은 스폰지에 종자를 파종한 뒤 온도를 맞추어주면 발아한다. 잎이 3~4매일 때 수경재배기로 스폰지와 함께 옮겨준다. 시장에서 구입한 고수 잎을 먹고 뿌리만 남은 경우 수경 용기에 꽂아도 새 줄기와 잎이 올라온다.

봄에 꽃집에서 고수 모종을 구입한다. 또는 야채상에서 뿌리가 붙어 있는 고수를 구입한다. 또는 종자를 젖은 스폰지에 파종한 뒤 발아시킨다.

대야에 물을 채워 뿌리만 잠기도록 담근 후 반나절 정도 둔다. 그 뒤 흔들어서 뿌리의 흙을 제거하고 뿌리를 샤워기로 조심스럽게 세척한다.

입구가 좁은 수경 용기나 중간 정도의 수경 용기에 식물체를 설치한 뒤 뿌리의 70~80%가 물에 잠기도록 물을 채워준다. 잎이 성장을 하면 그때그때 수확하고 밑 부분을 그대로 두면 새 줄기가 계속 올라온다.

고수는 담액식 재배, 반수경재배기, 자동 수경재배기를 이용해 재배할 수 있다. 담액식 재배는 고수 종자를 20포기가 나오도록 발아시킨 후 잎이 3~4매로 자랐을 때 스폰지까지 담액식 재배기로 옮긴다.

수경 재배하는 고수는 베란다의 양지~반그늘 아래 통풍이 잘 되는 곳에 배치하고 겨울에는 동사하지 않도록 외풍이 없는 곳으로 이동시킨다. 꽃이 개화한 뒤 열매가 생기면 고수는 생을 마감한다.

손발저림, 신경통, 어혈, 해열에 좋은

고추

가지과 한해살이풀 *Capsicum annuum* 꽃 6월 높이 60cm

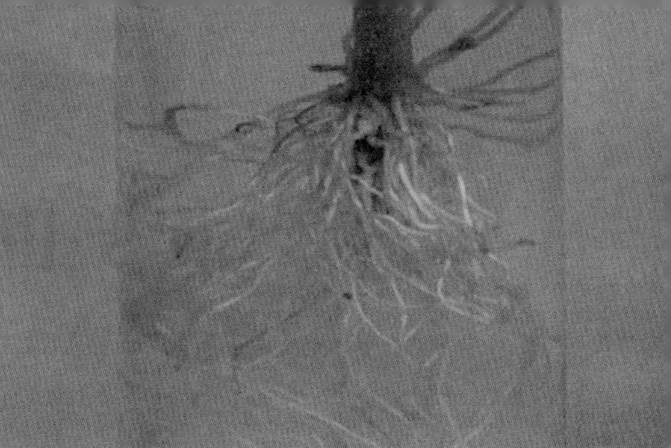

고추의 원산지는 중미 멕시코이며 그 후 남미로 널리 퍼졌고 신대륙 발견 이후 유럽을 경유해 아시아와 우리나라로 전파되었다.

고추는 열대 원산지에서는 여러해살이풀이지만 우리나라에서는 한해살이풀이다.

줄기는 높이 60cm로 자라고 잎은 어긋나기하며 잎의 가장자리에 톱니가 없다. 꽃은 6월에 흰색으로 개화하고 보통 잎겨드랑이에 1~3개가 아래를 향해 달린다. 수술은 3~7개인데 보통은 5개이다. 열매는 장과이고 길이는 5cm 내외, 녹색에서 성숙하면 적색으로 익는다.

고초라는 이름은 매운 향신료인 산초, 즉 초(椒)에서 유래되었다. 고초를 식용해 보니 맵고 괴롭다 하여 고(苦)자를 붙여 '고초'라고 부른 것이 지금의 고추가 되었다.

고추는 해열, 신경통, 근육통, 소화, 식체, 어혈, 냉통, 손발저림, 피부염, 동창, 살균에 효능이 있다. 조금씩 달여서 약용하거나 외용하고 또는 날고추를 고추장에 찍어 먹어도 효능을 볼 수 있다.

원예 특징

종자로 번식하거나 모종을 구입해 수경재배한다. 생육 적온은 18~28도, 최저 13도 이하로 떨어지는 것을 방지한다. 오전에 해가 잘 들어오는 쪽이 좋다. 종자는 25~30도에서 10일 정도면 발아하고 그 후 30일 뒤 잎이 3~4매일 때 이식한다.

고추 수경재배 가이드

고추 역시 수경재배가 잘 되는 식물이지만 간략하게 병에 꽂아 키우는 것보다는 양액 재배로 재배하는 것이 열매 생산에 유리하다. 종자를 30도 온수에 10시간 정도 불린 후 젖은 스폰지나 천에 파종한 뒤 24~30도 온도에서 발아시킨다. 약 10일 소요되고 그 후 30일간 잘 육묘하면 이식할 수 있는 모종이 된다.

봄에 꽃집에서 고추 모종 2개를 구입한다. 또는 종자 발아를 한다.

꽃집을 통해 모종을 준비한 경우, 대야에 물을 채워 모종의 뿌리만 잠기도록 담가 하루 정도 둔다. 그 뒤 흔들어서 흙을 제거한 뒤 뿌리가 손상되지 않도록 샤워기로 깨끗하게 세척한다.

입구가 좁은 큰 수경 용기에 식물체를 둘 다 설치한 뒤 뿌리의 70~80%가 물에 잠기도록 물을 채워 2~3일에 한 번 물을 교체한다. 줄기가 성장을 하면 그때그때 지지대 등을 세워서 줄기가 쳐지지 않도록 유인한다.

고추는 담액식 재배, 반수경재배기, 자동 수경재배기로 재배할 수 있다. 고추 모종 5~10포기를 원하는 재배 방법으로 재배하되 물이나 양액을 적합하게 관수해 준다.

고추 수경재배기는 베란다의 아침 해가 잘 들어오는 장소의 통풍이 잘 되는 곳에 배치하고 겨울 밤에는 추위에 죽지 않도록 창가 안으로 이동시킨다.

혈액순환, 어지럼증에 좋은

당귀 (왜당귀, 일당귀)

산형과 여러해살이풀 *Angelica acutiloba* 꽃 6~7월 높이 90cm

깊은 산에서 자생하는 토종 당귀의 정식 명칭은 '참당귀'이고 혈액순환, 어지럼증에 좋은 약초이다. 참당귀는 보통 뿌리를 약용할 목적으로 채취하지만 어린 잎도 쌈채로 먹을 정도로 아주 맛나다. 토종 참당귀가 귀해지자 일제시대에 일본에서 들여온 품종이 왜당귀(일당귀)인데 이것이 대량 재배되어 마트에서 쌈채로 판매되면서 '당귀'라는 이름으로 둔갑하였다. 즉 우리가 쌈밥집과 마트에서 만나는 당귀 잎은 왜당귀의 잎이다. 집에서 당귀를 재배할 때도 토종 당귀 씨앗을 구하기가 어려우므로 왜당귀 씨앗이나 모종으로 재배하는데 종묘상에서는 보통 당귀 씨앗이라고 부르며 판매한다.

왜당귀는 높이 90cm로 자라고 잔가지가 많이 갈라진다. 잎은 3회 깃꼴로 갈라지고 가장자리에 톱니가 있다. 꽃은 6~7월에 겹우산모양꽃차례로 자잘한 흰색 꽃이 무리지어 개화한다. 잎에서는 특유의 당귀 향이 난다.

왜당귀 수경재배 가이드

당귀(왜당귀)는 어린 잎을 수확해 쌈채로 먹는 채소이므로 수경재배를 하려면 5~10포기는 재배해야 한다. 간략하게 병에 꽂아 키우는 것보다는 양액 재배로 재배하는 것이 잎의 생산에 유리하다. 양액 재배는 담액식, 반수경재배기, 자동 수경재배기로 할 수 있다.

봄에 꽃집에서 당귀(왜당귀) 모종을 구입한다. 또는 종자를 봄, 가을에 물에 3일 정도 불렸다가 젖은 스폰지나 종이 타월에 파종한다. 발아율이 낮으므로 재배할 수량보다 10배수 파종한다. 적정 온도이면 10일 지난 전후에 발아하고 그 후 육묘하여 모종으로 키운다.

발아율이 낮으므로 보통은 꽃집을 통해 모종을 준비한다. 대야에 물을 채워 뿌리만 잠기도록 담근 뒤 반나절 정도 둔다. 그 뒤 흔들어서 흙을 제거한 뒤 뿌리가 손상되지 않도록 샤워기로 세척한다.

주둥이가 좁은 큰 수경 용기에 식물체를 설치한 뒤 뿌리의 70~80%가 잠기도록 물을 채워 1주일 동안은 매일 물을 교체한다. 잘 키우면 몇 달을 관상하면서 잎은 잎대로 수확할 수 있다.

잎을 많이 수확할 목적이라면 담액식이나 반수경재배기, 자동 수경재배기 중 한 가지 방법으로 재배할 것을 권장한다.

수경재배 용기는 베란다의 아침 해가 잘 들어오는 장소의 통풍이 잘되는 곳에 배치하고 겨울 밤에는 외풍이 없는 장소로 이동시킨다.

건강 다이어트, 당뇨, 배변활동에 좋은

야콘

국화과 여러해살이풀 *Smallanthus sonchifolius* 꽃 7~8월 높이 2m

페루 안데스산맥이 원산지인 야콘은 뿌리를 먹는 작물이다. 야콘의 뿌리는 긴 고구마처럼 생겼는데 맛은 고구마와 무의 중간쯤에 해당한다.

야콘의 원통형 줄기는 높이 2.5m까지 자라고 잎은 화살촉 모양이다. 잎의 크기는 한여름에는 30cm 이상 자란다. 줄기 아래 땅속에서는 뿌리와 함께 고구마처럼 괴경이 자라는데 이를 야콘이라고 부르며 식용한다. 보통 한그루에서 괴경은 많으면 20개까지 생성된다. 괴경과 원줄기 사이에는 생강 모양의 싹이 자라는데 이를 야콘의 씨눈(일종의 종자)인 관아라고 한다. 야콘은 종자가 잘 생성되지 않는 식물이자 드물게 종자를 생성시켜도 종자로는 발아가 느리므로 일반적으로 관아(씨눈)로 번식하게 된다.

야콘은 눌린, 폴리페놀, 식이섬유, 알파글루코옥시다이제, 락토올리고당 등이 함유되어 당뇨, 변비, 노화예방에 좋은데 특히 당뇨, 다이어트에 좋다. 야콘을 먹는 방법은 생야콘을 깎아 먹는 방법, 샐러드나 부침개 재료로 먹는 방법, 즙으로 먹는 방법, 분말을 내어 야콘냉면을 만들 때 사용하는 방법이 있다.

원예 특징

여름에 무덥지 않은 서늘한 기온을 좋아한다. 국내에서는 강원도의 고지대가 재배 적지이다. 종자 번식은 생장 속도가 더디게 때문에 보통은 관아와 꺾꽂이로 번식한다. 일반적으로 관아를 심은 후 싹이 15cm 정도 올라오고 잎이 2~3매 붙으면 그것에서 관아만 제거하고 실뿌리가 있는 상태의 줄기를 삽목한다.

야콘 수경재배 가이드

야콘의 파종은 씨눈이 있는 관아를 심는 방법으로 한다. 20~35도 환경에서 관아를 심으면 1개월 뒤에 싹과 줄기가 올라온 뒤 본엽이 2~3매일 때 관아만 제거하고 줄기에 뿌리가 붙은 상태에서 트레이에 삽목한다. 본엽이 5~6매가 되면 밭에 정식하거나 수경재배기로 이식한다.

가정집은 관아를 육묘할 수 있는 환경이 아니므로 보통 봄철에 꽃집에서 야콘 모종을 구입해 준비한다.

대야에 물을 채워 뿌리만 잠기도록 담근 뒤 반나절 정도 둔다. 그 뒤 흔들어서 흙을 제거한 뒤 뿌리가 손상되지 않도록 샤워기로 세척한다.

잎을 관상할 목적의 경우 입구가 넓은 수경 용기에 식물체를 설치한 뒤 뿌리의 70~80%가 잠기도록 물을 채워 첫 일주일은 매일 물을 교체한다.

야콘의 줄기는 높이 2m까지 성장하고 잎은 부채처럼 커지므로 수경재배에 난점이 많다. 또한 야콘은 어렸을 때는 물의 과습을 싫어하지만 점점 잎이 커지면 수분 요구량도 많아진다. 따라서 장기간 재배하려면 자동 수경재배 또는 반수경재배한다.

야콘 수경재배기는 직사광선을 피한 밝고 통풍이 잘 되는 곳에 배치하고 겨울 밤에는 추위에 동사하지 않도록 실내로 이동시킨다.

체력 증진, 식후배고픔에 좋은

둥굴레

백합과 여러해살이풀 *Polygonatum odoratum* 꽃 6~7월 높이 60cm

둥굴레는 전국의 산지에서 흔히 자라며 주로 계곡가의 풀밭에서 볼 수 있다. 줄기는 높이 30~60cm로 자라고 희미하게 육각형으로 각이 져 있다. 잎은 줄기에서 어긋나게 달리고 대나무 잎처럼 생겼지만 대나무 잎에 비해 넓은 편이다. 꽃은 6~7월에 잎겨드랑이에서 1~2개씩 달리는데 생김새는 작은 종 모양이다. 꽃의 색상은 백록색이고 수술은 6개이다. 열매는 콩처럼 둥글고 9~10월에 검정색으로 성숙한다.

유사종으로는 큰둥굴레, 산둥굴레, 맥도둥굴레, 왕둥굴레, 각시둥굴레, 층층갈고리둥굴레 등이 있는데 모두 같은 것으로 취급하여 뿌리를 약용하거나 둥굴레차로 우려마신다.

어린 잎은 데친 후 참기름이나 들기름에 볶으면 맛있다. 어린 잎만 이 방법으로 섭취하고 조금 성숙하면 대나무 잎처럼 질겨지기 때문에 식용할 수 없다. 뿌리는 둥굴레라고 하며 약용하는데 갈증, 진액부족, 식후배고픔, 운동장애, 체력부족 등에 효능이 있다. 약용 목적이라면 진황정이나 원황정 품종을 재배한다.

원예 특징

양지바른 곳을 좋아하지만 반그늘에서도 잘 자란다. 번식은 가을에 채종한 종자를 바로 파종한다. 봄에 파종하려면 노천매장한 뒤 이듬해 2월에 냉장실에서 습하게 45일간 보관하여 휴면타파한 후 4월에 파종한다. 생육에 좋은 온도는 15~25도이다. 부드러운 잎은 바로 수확해 먹고 뿌리는 2년차에 수확한다.

둥굴레 수경재배 가이드

둥굴레는 두툼한 괴경을 약용하거나 차로 우려마시는 식물이다. 일반적으로 고구마나 감자처럼 뿌리에 괴경이 있는 식물은 수경재배가 어렵다고 알려져 있지만 물을 항상 잠기지 않는 상태로 공급하면 수경재배가 가능하다. 반수경재배는 뿌리 손상을 최소화하기 위해 LECA 경량 황토볼로 해 볼 만하다.

봄에 원예도매상가에서 둥굴레 모종을 구입한다. 또는 깊은 산의 개울 옆 반그늘 나무숲의 습한 비탈진 곳에서 둥굴레를 채취한다. 뿌리가 깊게 땅 속으로 들어가 있기 때문에 모종삽이 필요하다.

대야에 물을 채워 뿌리만 잠기도록 담근 뒤 반나절 정도 둔다. 그 뒤 흔들어서 흙을 제거한 뒤 뿌리가 손상되지 않도록 샤워기로 세척한다.

잎을 관상할 목적의 경우 입구가 좁은 수경 용기에 식물체를 설치하고 뿌리의 70~80%가 잠기도록 물을 채워 첫 일주일 동안은 매일 물을 교환해 준다.

둥굴레를 장기간 재배하려면 담액식보다는 자동 수경재배기로 재배하는 것이 좋다. 자동 수경재배기에 동굴레 모종을 설치한 후 생장 상태에 따라 물 공급 주기와 양액 농도를 조절한다.

둥굴레 수경재배기는 베란다에서 햇빛이 최소 6시간 이상 들어오는 곳에 배치한다. 여름 고온기에는 직사광선을 30% 차광한다.

누구나 수경재배할 수 있는

딸기

장미과 여러해살이풀 *Fragaria x ananassa* 꽃 5~6월 높이 50cm

현재 우리가 먹고 있는 딸기는 남미와 유럽 야생종 딸기의 개량종이며 과실로서 재배하기 시작한 것은 18세기 프랑스이다. 원래는 탐스러운 열매가 열리는 남미 딸기를 유럽으로 가져왔는데 유럽에서는 토양이 맞지 않아 열매가 작았다. 이때부터 식물학자나 농업학자가 딸기 개량을 연구하였는데 그것이 프랑스에서 결실을 맺어 오늘날의 딸기가 탄생하였다. 우리나라에는 뒤늦게 1920년대에 양딸기라는 이름으로 도입되었지만 현재는 전세계에서 가장 맛있는 딸기가 나는 나라로 알려져 있다.

딸기는 원줄기가 없고 뿌리에서 바로 긴 잎자루가 달린 3출복엽 잎이 무성하게 자란다. 꽃은 5~6월에 취산꽃차례의 흰색 꽃이 5~15개씩 달리고 이 중 수분에 성공한 꽃이 열매로 자란다. 딸기는 고온에 약하기 때문에 겨울에 재배한 뒤 6월경 출하했지만 현재는 가을~겨울에 재배하고 겨울~봄에 출하한다.

원예 특징

'단일식물'인 딸기는 꽃이 생기려면 밤이 점점 길어지는 현상(가을에서 겨울로 가는 현상)을 경험해야 한다. 봄에 심으면 겨울을 경험해야 이듬해 꽃과 열매가 열린다. 2년 뒤 꽃과 열매가 결실을 맺는 것을 방지하려면 가을 파종 후 봄에 수확하는 법, 봄에 모종으로 키우는 법, 인공 빛과 온도를 조절하는 방법이 있다.

딸기 수경재배 가이드

딸기는 수경재배가 잘 되는 식물이다. 수경재배 최저 온도는 8~9도, 생육 적정 온도는 17~23도, 13도 이하로 떨어트리지 않으면 잘 자란다. 번식은 종자 또는 분주로 할 수 있다. 종자를 축축한 스폰지에 파종한 뒤 햇빛이 잘 드는 쪽에 배치하면 통상 7~20일 사이에 발아하고 발아 후 한달 뒤에는 잎 2~3매의 모종으로 자란다.

봄 또는 가을에 딸기 모종을 구입한다. 또는 8월경 딸기 종자를 젖은 종이타월에 파종해 발아를 시도한다. 이른봄에 재배를 시작할 경우에는 파종은 2년차에 꽃이 피므로, 모종으로 재배해야 그해 꽃을 보고 열매도 볼 수 있다.

꽃집을 통해 모종을 구입한 경우 대야에 물을 채운 뒤 모종의 뿌리만 잠기도록 담근 뒤 반나절 정도 둔다. 그 뒤 흔들어서 흙을 제거한 뒤 샤워기로 세척한다.

수경 용기에 채를 올려놓고 모종을 설치하여 뿌리의 70~80%가 물에 잠기도록 물을 채운 뒤 첫 일주일은 매일 물을 교체한다.

열매 수확이 목적이면 담액식 재배, LECA 경랑 황토볼을 이용한 반수경재배, 자동 수경재배법이 좋다. 자동 수경재배기로 모종을 10포기 정도 재배하면 열매를 계속 수확할 수 있다.

딸기는 고온 직사광선에 약하므로 햇빛이 어느 정도 들어오는 곳에 배치하되 4~5월부터 30~50% 차광한다. 5월 고온기에는 통풍이 잘 되도록 강제 환기시킨다.

신경통, 두통, 혈액순환에 좋은

독활(땅두릅)과 두릅나무

두릅나무과 여러해살이풀 *Aralia cordata* 꽃 7~8월 높이 1.5m

 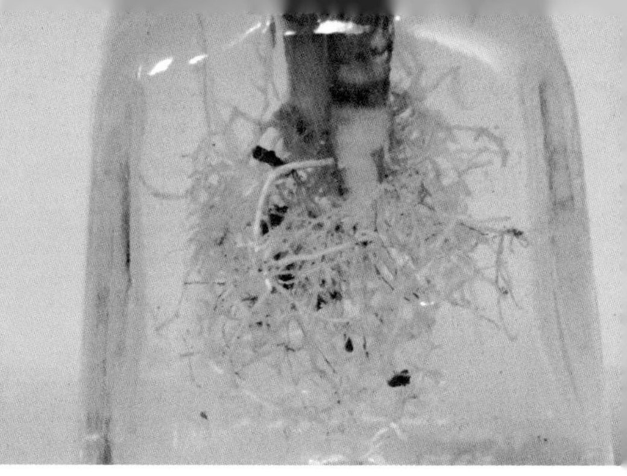

독활(땅두릅)과 두릅나무는 둘 다 두릅나무과 식물이다.

독활은 뿌리에서 올라오는 어린 잎(싹)을 수확해 '땅두릅'이란 이름으로 출하하고, 두릅나무는 줄기에서 올라오는 어린 잎(싹)을 수확해 '두릅' 또는 '참두릅'으로 판매한다.

맛과 향은 두릅나무 싹인 참두릅이 더 좋지만 수확량이 부족해 가격이 비싸고 이 때문에 비교적 저렴한 가격의 땅두릅도 인기 만점이다. 둘 다 장아찌로 먹으면 아주 맛있고 약용할 때는 혈액순환, 감기, 두통, 신경통 등에 좋다.

땅두릅은 높이 1.5m까지 자라고, 원줄기에서 잔가지가 사방으로 뻗어 자라기 때문에 언뜻 보면 관목처럼 보인다. 잎은 어긋나기 하고 기수2회우상복엽이며 큰 잎은 길이 1m에 자잘한 잎이 5~9개씩 달린다. 꽃은 7~8월에 가지 끝이나 잎겨드랑이에서 원뿔모양꽃차례에 우산모양꽃차례가 달린 형태로 자잘한 흰색 꽃이 달린다.

두릅나무는 목본이고 높이 4m까지 자란다. 잔가지가 사방으로 뻗고 어긋난 잎은 기수2회우상복엽이고 가시가 있다. 꽃은 7~8월에 복총상꽃차례로 우산처럼 달린다. 두릅나무는 줄기 끝이나 겨드랑이에서 돋아난 싹을 수확 식용한다.

땅두릅과 두릅나무 수경재배 가이드

잎을 관상할 목적이면 땅두릅을, 싹을 수확하는 것이 목적이면 두릅나무를 수경재배한다. 싹의 수량을 높이려면 담액식 재배나 반수경재배기 또는 자동 수경재배기로 재배한다. 땅두릅은 종자 번식에 2년이 소요되므로 보통 포기나누기로 번식한다. 두릅나무도 종자 번식률이 낮으므로 근삽이나 줄기삽목으로 번식한다.

봄에 꽃집에서 땅두릅 모종을 구입한다. 산에서 채취할 경우 뿌리에서 올라온 싹과 그 싹에 붙어 있는 뿌리 일부를 함께 채취한다. 두릅나무는 싹눈이 있는 줄기를 채취해 준비한다.

대야에 물을 채워 모종의 뿌리만 반나절 동안 담가둔다. 그 뒤 흔들어서 흙을 제거한 뒤 뿌리가 손상되지 않도록 샤워기로 세척한다.

수경 용기에 땅두릅 모종을 설치한 뒤 뿌리의 70~80%가 물에 잠기도록 물을 채워 첫 일주일은 매일 물을 교체한다. 포기나누기로 재배할 때는 초반에는 온도를 25도 정도로 유지하고 모종으로 자라면 평온으로 돌린다.

담액식 재배, 반수경재배, 자동 수경재배로 대량 재배할 수 있다. 땅두릅은 모종을 준비하고 두릅나무는 싹눈이 있는 줄기를 10cm 이상의 길이로 원하는 갯수만큼 준비한 뒤 재배기에 꽂아주고 양액을 공급한다.

땅두릅 수경재배기는 베란다의 아침 해가 잘 들어오는 장소의 통풍이 잘 되는 곳에 배치한다.

고혈압, 당뇨에 좋은

삼채

수선화과 여러해살이풀 *Allium hookeri* 꽃 7~8월 높이 60cm

수선화과 식물인 삼채는 부추와 비슷한 식물이지만 잎이 부추와 달리 다육질이고 두툼하다. 원산지는 인도, 미얀마, 티벳, 남중국 등이며 주로 동남아시아에서 채소처럼 식용한다. 국내에는 삼채의 뿌리가 고혈압과 당뇨에 좋다고 하여 도입되었고 그 후 선풍적인 인기를 끌고 있다. 이런 삼채의 주산지는 히말라야 산맥의 해발 1,400~4,200m에 있는 초원지대, 숲가, 언덕, 습한 지역이고 스리랑카와 부탄에서도 자생한다.

삼채는 줄기가 없고 뿌리에서 올라온 잎이 길이 60cm 정도 자란다. 날씨가 풀리면 꽃대가 자라면서 부추나 대파 꽃처럼 자잘한 꽃들이 작은 공처럼 모여 달린다. 뿌리는 가늘지만 살이 두툼한 비늘줄기이다.

삼채의 약용 부위는 뿌리인데 보통은 씀바귀처럼 나물로 무쳐 먹는다. 뿌리에는 마늘처럼 유황 성분이 있고 섬유질이 풍부해 변비에 좋을 뿐 아니라 고혈압, 당뇨, 혈액순환, 항암, 항염 효능이 있다.

잎은 부추 대용으로 각종 요리로 먹을 수 있다. 일반적으로는 생잎을 무쳐 먹거나 샐러드로 먹을 수 있고 생선요리의 고명, 각종 찌개류의 채소로 넣는데 두툼한 육질이라서 부추 잎보다 맛있다.

삼채 수경재배 가이드

삼채는 수경재배가 잘 되는 식물이다. 보통 종자번식보다는 포기나누기로 번식하는데 포기나누기도 아주 잘 된다. 먼저 1년생 삼채를 잎 3~4개, 뿌리 5~6개가 붙은 것을 하나의 포기로 하여 나누어준다. 그 뒤 뿌리는 상단 5cm를 남긴 뒤 밑부분을 제거하고, 잎은 아래 5cm를 남긴 뒤 상단을 제거한다. 그 뒤 뿌리에 발근촉진제를 바른 뒤 원하는 곳에 심는다. 2년생은 상하 모두 조금 더 길게 남기고 잘라주어야 한다.

봄에 원예도매상가에서 그 해에 육묘한 삼채 모종을 구입한다.

대야에 물을 채워 모종의 뿌리만 잠기도록 담근 뒤 반나절 정도 둔다. 그 뒤 흔들어서 흙을 제거한 뒤 뿌리가 손상되지 않도록 샤워기로 깨끗하게 세척한다.

수경 용기에 삼채 모종을 설치한 뒤 뿌리의 70~80%가 잠기도록 물을 채워 2~3일에 한 번 물을 교체한다.

담액식 재배기나 자동 수경재배기에서 대량 재배할 수 있다. 담액식 재배는 삼채의 포기를 위에 설명한 것처럼 나눈 뒤 재배기에 각각 꽂아주고 물이나 양액을 공급한다.

삼채 재배 용기는 베란다의 아침 해가 잘 들어오는 장소의 통풍이 잘 되는 곳에 배치한다. 잎이 생장하면 필요할 때마다 잎 부분만 싹뚝 잘라 수확한 뒤 반찬이나 샐러드로 섭취한다.

노화, 뇌졸중 예방에 좋은

비트와 적근대

비름과 두해살이풀 *Beta vulgaris* 꽃 5월 높이 2m

'빨간무', '적무', '사탕무'라고도 하는 비트는 붉은색의 둥근 무처럼 생긴 뿌리가 달리는 뿌리 작물이다. 비트 모종의 뿌리는 실뿌리 형태이지만 점점 자라면서 실뿌리 중 하나가 무처럼 둥글게 변한다.

'적근대'는 비트의 유사종인데 사실상 같은 식물이라고 봐도 무방하다. 뿌리를 먹기 위해 개발된 품종들은 비트, 잎을 먹기 위해 개발된 품종은 적근대이다. 수경재배는 비트나 적근대 중 아무거나 선택해서 재배한다.

비트의 원산지는 아랍 지역이며 나중에 로마를 통해 유럽에 전래되었다. 아랍에서의 비트는 잎을 먹기 위한 작물이었는데 로마를 경유하면서 뿌리를 먹는 작물로 변했다.

적근대는 쌈채소로 먹기 위해 재배하는 반면, 비트는 뿌리를 먹기 위해 재배하지만 어린 잎은 샐러드로 섭취할 수 있다. 비트 뿌리에는 노화, 항암, 뇌졸중, 염증 예방에 유효 성분이 함유되어 있다.

비트/적근대 수경재배 가이드

비트 수경재배는 뿌리 작물 중 수경재배가 용이한 식물이다. 만일 잎을 수확하는 것이 목적이면 사촌이자 엽채류인 적근대를 수경재배해 본다. 종자 파종의 경우 젖은 스폰지에 파종한 비트 종자는 12~23도에서 통상 1~2주 뒤에 발아하는데 종자당 실제 씨앗이 3~4개 들어 있으므로 싹도 그만큼 올라온다.

종자 파종의 경우 잎이 4~5매 될 때까지 육묘하면서 가장 강한 모종만 수경재배기에 이식하고 약한 모종은 샐러드나 비빔밥으로 먹는다.

봄에 꽃집에서 비트 또는 적근대 모종을 구입한 경우 대야에 물을 채워 모종의 뿌리만 잠기도록 담근 뒤 반나절 정도 둔다. 그 뒤 흔들어서 흙을 제거한 뒤 샤워기로 뿌리를 깨끗하게 세척한다.

잎의 관상이 목적이면 수경 용기에 모종을 한두 포기씩 설치하여 뿌리의 70~80%가 물에 잠기도록 물을 채워 2~3일에 한 번 물을 교체한다. 반수경재배를 하려면 경량 황토볼을 사용한다.

잎을 수확하는 것이 목적이면 담액식 재배나 자동 수경재배기에서 재배한다. 보통 모종을 10포기 이상 재배하면서 잎이 자라면 그때그때 수확해 샐러드로 섭취한다. 물의 투입 간격과 양액 농도는 자라는 모습을 봐가면서 가감해 준다.

수경재배기는 햇빛이 6시간 이상 들어오는 곳에 배치하고 여름 고온기에는 차광하고 통풍을 시켜준다. 수확은 안쪽 잎은 남기고 바깥쪽 잎부터 한다. 안쪽 작은 잎이 다시 성장하면 또 수확할 수 있다.

소변불리, 치루에 효능이 있는

상추

국화과 두해살이풀 *Lactuca sativa* 꽃 6~8월 높이 1.2m

상추는 가운데에서 원줄기가 높이 자라면서 원줄기를 감싸듯 상추 잎이 돋아난다. 만일 상추를 그대로 두면 원줄기가 높이 1m 이상으로 점점 자라고 원줄기 끝과 가지 끝에서 국화 꽃과 비슷한 노란색 꽃들이 다닥다닥 달린다. 상추는 품종이 매우 다양하므로 원하는 품종의 종자를 발아하거나 또는 모종을 구입해 재배한다. 발아가 잘 되는 식물이므로 직접 발아를 시킨 후 모종으로 육성한 뒤 수경재배를 하기 좋은 식물이다.

상추의 약용 효능은 소변불리, 유즙불통, 치루, 하혈 등에 좋은데 특히 소변이 잘 안 나올 때 먹으면 좋다.

잎을 수확할 목적으로 상추를 재배하려면 자동 수경재배기에서 재배하는 것이 수확량을 안정적으로 관리할 수 있다.

상추 수경재배 가이드

상추는 서늘한 기온을 좋아한다. 적정 발아 온도는 15~20도이고, 생육 적정 온도는 15~25도이다. 30도 이상의 고온과 8도 이하의 저온에서는 성장이 느리거나 멈춘다. 적정 온도에서는 파종 후 1주 후 발아하고 2주 후 떡잎이 생긴다. 4주차부터 꽃이 개화하기 전까지 약 두 달 동안 상추 잎을 올라올 때마다 수확할 수 있다.

봄 또는 가을에 꽃집에서 상추 모종을 구입한다. 또는 종자를 젖은 스폰지나 종이타월에 줄뿌리기 또는 점뿌리기로 파종하고 햇빛이 밝은 곳에서 발아시킨 뒤 모종으로 키운다.

꽃집을 통해 모종을 준비한 경우 대야에 물을 채워 모종의 뿌리만 잠기도록 담근 뒤 1시간 정도 둔다. 그 뒤 흔들어서 흙을 제거한 뒤 뿌리가 손상되지 않도록 샤워기로 흙을 깨끗하게 제거한다.

한포기씩 설치하려면 주둥이가 좁은 수경 용기에 설치한 뒤 뿌리의 70~80%가 잠기도록 물을 채워 첫 일주일은 매일 물을 교체한다. 잎이 장기간 물에 닿으면 썩기 시작하므로 잎이 침수되지 않도록 주의한다.

잎을 수확하려면 가족 1인당 평균 5포기, 2인이면 10포기를 담액식 재배나 반수경재배로 한다. 만일 자동 수경재배기로 재배하면 매일 상추를 수확할 수도 있다.

상추 수경재배기는 베란다의 양지~반양지에 배치한 뒤 잎이 필요할 때마다 수확해서 식용한다.

꽃에 심장에 좋은 성분이 있는

치커리

국화과 여러해살이풀 *Cichorium intybus* 꽃 7~10월 높이 1.5m

치커리는 유럽에서 남쪽으로는 북아프리카, 동쪽으로는 중앙아시아까지가 원산지인데 보통은 지중해 일원을 원산지로 보고 있다.

치커리는 크게 세 가지 품종으로 나눈다. 잎을 먹는 잎 품종과 뿌리를 먹는 뿌리 품종, 그리고 잎자루가 붉은 색인 적치커리가 있다.

뿌리 치커리는 뿌리를 익힌 뒤 양념을 발라 먹을 수 있고 불에 구워서 커피 대용품을 만들 수 있다. 실제 대공항기에는 미국과 유럽에서 커피가 비싸지자 구운 치커리 뿌리 분말을 많으면 40%까지 커피와 섞어서 커피처럼 팔거나 마셨다. 어떤 양조업자는 맥주의 쓴맛을 보강하기 위해 치커리 뿌리를 사용하였다. 신선한 치커리 뿌리에는 13~23% 분량의 이눌린이 함유되어 있으므로 당뇨식으로도 먹을 만하다.

잎 치커리는 말 그대로 잎을 상추처럼 먹을 수 있는 품종이다. 잎은 소화가 잘 되는 반면 다른 엽채류에 비해 식이섬유 함량은 적은 편이다. 치커리는 그대로 두면 원줄기가 높이 1.5m 이상으로 자라고 원줄기 끝과 가지 끝에서 국화 꽃 비슷한 밝은 파란색 꽃이 무리지어 달린다. 꽃에는 심장 등에 좋은 유효 성분이 있고 바흐요법에도 사용되었다.

치커리 수경재배 가이드

치커리는 상추와 거의 비슷한 식물이므로 재배법도 상추와 비슷하다. 노지에서는 4~6월에 파종하는데 적정 온도에서는 파종 후 10여 일 전후에 발아하고 4주차에 본잎이 3~4매가 되었을 때 이식한다.

● ● ●

봄 또는 가을에 꽃집에서 치커리 모종을 구입한다. 또는 종자를 젖은 스폰지에 줄뿌리기 또는 점뿌리기로 파종하고 햇빛이 밝은 곳에서 발아시킨 뒤 모종으로 키운다.

꽃집을 통해 모종을 준비한 경우 대야에 물을 채워 모종의 뿌리만 잠기도록 담근 뒤 1시간 정도 둔다. 그 뒤 흔들어서 흙을 제거한 뒤 뿌리가 손상되지 않도록 샤워기로 잔여 흙을 제거한다.

한 포기씩 설치하려면 주둥이가 좁은 수경 용기에 설치하여 뿌리의 70~80%가 물에 잠기도록 물을 채워 첫 일주일은 매일 물을 교체한다. 이 경우 관상용으로 잎을 관상할 수 있다. 치커리 잎이 물이나 양액에 장시간 침수되면 썩기 시작하므로 침수되지 않도록 주의한다.

잎을 수확하려면 10~20포기를 담액식 재배기나 자동 수경재배기로 재배한다. 종자를 담액식으로 재배하려면 원하는 포기가 나오도록 종자를 젖은 종이타월이나 스폰지에 2~3배수로 파종하여 발아시킨 후 모종으로 키운다.

치커리 수경 용기는 베란다의 양지~반양지에 배치한 뒤 잎이 필요할 때마다 수확해서 식용한다.

노화예방에 좋은 채소

청경채

십자화과 여러해살이풀 *Brassica rapa* 꽃 4~5월 높이 1m

청경채는 배추의 한 종류로 중국에서 즐겨먹는 채소이다. 바삭한 식감과 씹는 맛 때문에 날것으로도 섭취하지만 보통은 볶음요리와 국물요리에 넣어 익혀 먹고 그럴 경우 살짝 쫄깃한 식감이 있다. 이런 매력 외에도 청경채는 배추에 비교해 영양소가 높기 때문에 노화예방과 성인병 예방에 좋다고 한다. 청경채는 다른 농작물과 달리 어린 잎 상태로 출하하기 때문에 종자 파종 후 평균 두 달 내에 출하를 하게 되므로 회전률이 빠르다.

청경채는 씨앗을 파종 후 온도만 맞으면 2~10일 사이에 발아를 한다. 청경채의 적정 발아 온도와 생육 온도는 15~22도이며 발아 후에는 본잎이 2~3매일 때까지 육묘한 뒤 수경재배기로 이식한다. 청경채는 온도가 높은 여름에는 더 빨리 생장하기 때문에 계절에 따라 수확 시기가 다르지만 파종 후 통상 1~2개월 사이에 수확한다고 생각하면 된다.

청경채 수경재배 가이드

청경채는 겉잎의 길이가 15cm일 때 수확하는 것이 가장 적정하며 잎 길이가 최대 25cm가 되기 전에 수확해야 한다. 또한 고온기가 시작되면 청경채에서 원줄기가 높게 올라온 뒤 꽃이 개화하므로 그전에 수확해야 한다. 청경채의 꽃 모양은 배추 꽃과 같다.

봄에 꽃집에서 청경채 모종을 구입한다. 또는 종자를 물에 6시간 불렸다가 젖은 스폰지나 타월에 파종해 발아시킨 뒤 모종으로 육묘한다.

보통은 봄철에 꽃집을 통해 모종을 구입한다. 대야에 물을 채워 모종의 뿌리만 침지한 후 흔들어서 흙을 제거한 뒤 뿌리가 손상되지 않도록 샤워기로 깨끗하게 세척한다.

입구가 좁은 수경 용기에 모종을 설치하고 뿌리의 70~80%가 잠기도록 물을 채워 1~2일에 한 번 물을 교체한다. 잎을 관상할 목적으로는 좋은 방법이며 잎이 물과 직접 닿지 않도록 주의한다.

식용 및 수확이 목적이면 담액식 재배기나 자동 수경재배기로 재배한다. 담액식으로 재배하려면 청경채 종자를 50포기 정도 나오도록 스폰지나 타월에서 발아시킨 후 잎이 3~4매로 자랐을 때 스폰지까지 담액식 재배기로 옮긴 후 물과 양액으로 키운다.

청경채 수경재배기는 베란다의 양지~반그늘에 배치한다. 여름 고온기에 모종으로 재배를 시작한 경우에는 수경재배기에 이식한 초기 3~4일은 빛을 30~50% 차광한다.

피부미용에 좋은 엽채류

다채(비타민)

십자화과 여러해살이풀 *Brassica rapa* 꽃 4~5월 높이 1m

다채는 청경채의 유사종으로 포기를 먹는 식물이지만 시류가 변해 지금은 어린 잎을 샐러드로 먹기 위해 재배한다. 식감은 청경채와 상추 사이의 식감으로서 부드럽고 연하며 단맛과 오이 맛이 나기 때문에 '비타민'이란 이름으로도 불린다. 다채를 처음 재배한 중국은 다채 잎이 배추에 비해 밑으로 처진다고 하여 '탑채'라고 부르는데 탑채를 중국어 발음대로 발음하면 '다채'이기 때문에 우리나라에서의 명칭 '다채'는 중국어 발음을 그대로 옮긴 셈이다.

다채는 청경채처럼 재배 주기가 빠르고 배추의 유사종이므로 꽃은 배추 꽃을 닮았다. 다채의 파종 후 수확까지는 청경채처럼 1~2개월이 소요된다. 잎에는 비타민 C, 카로틴(Carotinoid), 엽산, 칼륨, 칼슘이 함유되어 있으므로 피부미용, 시력 등에 좋다. 식용 방법은 샐러드와 볶음요리에 넣는 것이 일반적이지만 시금치처럼 국물 요리에도 넣을 수 있다.

다채 수경재배 가이드

다채 역시 수확 시기는 겉잎의 길이가 15cm일 때 수확하는 것이 가장 적정하지만 큰 포기로 재배해 수확해도 나쁘지 않다. 노지재배의 경우 파종 시기는 늦봄~초여름이다.

● ● ●

봄에 꽃집에서 다채 모종을 구입한다. 또는 종자를 젖은 스폰지나 타월에 파종해 발아시킨 뒤 모종으로 육묘한다. 종자 번식은 통상 1~3주 사이에 발아하고 발아 및 생육 온도는 청경채와 비슷한 환경으로 한다.

꽃집을 통해 모종을 준비한 경우 대야에 물을 채워 모종의 뿌리만 2시간 정도 침지한 후 흔들어서 흙을 제거한 뒤 뿌리가 손상되지 않도록 샤워기로 깨끗하게 세척한다.

입구가 좁은 수경 용기에 모종을 설치하여 뿌리의 70~80%가 물에 잠기도록 물을 채워 1~2일에 한 번 물을 교체한다. 이 경우 잎을 관상할 목적으로 좋으며 잎이 물과 직접 닿으면 썩을 수 있으므로 주의한다.

잎의 수확이 목적이면 담액식 재배나 반수경재배기, 또는 자동 수경재배기로 재배한다. 먼저 다채 모종을 준비하거나 종자를 10포기 정도 나오도록 스폰지나 타월에서 발아시킨 후 잎이 3~4매로 자랐을 때 스폰지까지 담액식 또는 자동재배기로 옮긴 후 키운다.

다채 수경재배기는 베란다의 양지~반그늘에 배치한다. 여름의 고온에는 조금 차광해 준다. 아주 잘 자라는 식물이므로 잎이 돋아날 때마다 수확해 샐러드나 볶음요리에 넣어 먹는다.

부종, 노화예방에 좋은

셀러리

산형과 한해살이풀 *Apium graveolens* 꽃 5~6월 높이 1m

중동~지중해가 원산지인 셀러리는 고대부터 재배해 온 식물로 유명하다. 고대 그리스와 로마는 셀러리를 향신료 채소로, 중국인들은 의약품으로 사용하였다. 가식 부위는 잎과 줄기이고 종자는 향신료, 식물체에서 추출한 추출물은 약용한다.

셀러리는 원줄기와 함께 줄기 둘레에서 튼튼한 잎자루가 위로 자란다. 잎의 모양은 깃꼴겹잎이고 잎자루를 포함해 최대 1m 높이까지 자란다. 뿌리는 순무와 비슷하기 때문에 나라에 따라 셀러리 뿌리를 식용하는 국가도 있다.

셀러리의 맛은 약간 단맛에 상큼한 향미가 있어 주방에서 각종 요리를 할 때 조미료처럼 넣을 수 있다. 셀러리는 투입량에 따라 음식 맛이 아주 달라지게 되는데 보통은 셀러리의 투입량이 많을수록 더 맛있는 음식이 된다. 국내에서는 각종 볶음과 찌개에 넣을 수 있고 싱싱한 줄기는 고추장에 찍어 먹거나 주스를 내어 마실 수 있다. 서양에서는 스튜와 수프의 맛을 온화하게 만들기 위해 넣는다. 또한 생선구이나 고기구이에 곁들인 채소로도 먹는다.

셀러리는 변비, 노화예방, 부종, 소화, 항염, 항암 유효 성분을 함유하고 있다. 셀리러의 약용 효능은 줄기와 종자에 더 많다.

셀러리 수경재배 가이드

셀러리 종자의 발아 적온은 15~20℃이고 발아에는 1~2주가 소요된다. 발아한 셀러리는 통상 2주 뒤에 본엽이 2~3매로 자란다. 생육 적온은 야간은 10도 이상, 주간은 20~25도이다.

봄에 꽃집에서 셀러리 모종을 구입한다. 또는 종자를 젖은 스폰지나 타월에 파종해 발아시킨 뒤 모종으로 육종한다. 본잎이 6~8매일 때 수경재배기로 이식한다.

보통은 꽃집을 통해 모종을 준비한다. 대야에 물을 채워 모종의 뿌리만 잠기도록 담근 뒤 하루 정도 둔다. 그 뒤 흔들어서 흙을 제거한 뒤 뿌리가 손상되지 않도록 샤워기로 깨끗하게 세척한다.

입구가 좁은 큰 수경 용기에 모종을 설치하여 뿌리의 70~80%가 잠기도록 물을 채워 첫 일주일은 1~2일에 한 번 물을 교체한다. 줄기가 성장을 하면 그때그때 지지대 등을 세워서 줄기가 넘어지지 않도록 잡아준다.

셀러리도 담액식 재배, 반수경재배, 자동 수경재배를 하면 더 많은 수확량을 올릴 수 있다. 보통 5~10포기를 재배하면 필요할 때마다 마음껏 수확할 수 있다.

셀러리 수경재배기는 베란다의 햇빛이 적당한 곳에 배치한다. 수확은 파종 후 3~4개월 사이가 좋지만 가정에서 수경재배할 경우에는 필요할 때마다 수확해서 식용한다.

임병, 가슴답답증에 좋은
오이

박과 덩굴성한해살이풀 *Cucumis sativus* 꽃 5~6월 길이 2m

인도가 원산지인 오이는 전 세계로 전래되어 각 지역마다 다양한 식용법이 있는 열매 작물이다. 예를 들어 우리나라는 오이김치, 오이냉채, 오이장아찌 등의 섭취 방법이 있고 외국은 오이 피클 등의 절임 음식으로 발전하였다.

오이의 줄기는 길이 2m 내외로 자라고 긴 잎자루의 잎이 어긋나게 달린다. 꽃은 일가화로서 5~6월에 호박 꽃과 비슷한 꽃이 피는데 꽃의 크기는 호박 꽃에 비해 많이 작다. 장과의 긴 원주형인 열매를 오이라고 부르며 식용한다.

오이의 주 약용 부위는 뿌리와 줄기이다. 이질, 해독, 임병, 가슴 답답증에 사용하고 종기와 피부 미용에는 오이를 얇게 썰어서 붙이면 좋다.

오이는 온도만 적정하면 발아가 하루 안에 되는 식물이다. 오이는 하우스 작물로 재배하기 때문에 연중 파종하여 재배할 수 있고 가정에서도 온도만 맞추어주면 연중 키울 수 있다.

오이 수경재배 가이드

발아 적정 온도인 25~30도 환경에서 젖은 타월이나 스폰지에 파종하면 통상 하루 내에 발아를 한 뒤 파종 5일 전후에 떡잎이 돋아난다. 그 후 야간은 16도 전후, 주간은 22도 전후 환경에서 20~30일간 육묘한 모종을 수경재배기나 노지에 이식한다.

봄에 꽃집에서 오이 모종을 구입한다. 또는 종자를 파종한 뒤 모종으로 육묘한다. 파종 뒤 떡잎이 나오기 전 스폰지에서 뿌리를 아래로 향하게 모양을 잡고, 30일간 따뜻한 곳에서 모종으로 육묘한다.

꽃집을 통해 모종을 준비한 경우 대야에 물을 채워 모종의 뿌리만 잠기도록 담근 뒤 반나절 정도 둔다. 그 뒤 흔들어서 흙을 제거한 뒤 뿌리가 손상되지 않도록 샤워기로 깨끗하게 세척한다.

입구가 좁은 큰 수경 용기에 모종을 설치한 뒤 뿌리의 70~80%가 물에 잠기도록 물을 채워 첫 일주일은 매일 물을 교체하고 그 다음부터는 일주일에 2~3회 물을 교체해 준다.

열매를 수확하려면 담액식이나 반수경재배, 또는 자동 수경재배를 하는 것이 좋다. 덩굴성의 줄기를 유인하려면 자동 수경재배기로 재배하는 것이 편리하다. 포트에는 통상 펄라이트나 황토볼을 채워 5~10포기의 모종을 설치하고 물이나 양액을 자동 관수한다.

수경재배기는 베란다의 양지~반양지에 배치하고 A자 형 지지대를 이용해 줄기를 유인해 준다. 열매 수확이 목적이면 노지 재배법과 같은 방식으로 줄기와 꽃의 순지르기 작업을 병행해야 한다. 열매는 통상 파종 후 빠르면 2개월 뒤부터 수확할 수 있다.

이뇨, 신장염, 부기에 좋은

수박

박과 덩굴성한해살이풀 *Citrullus vulgaris* 꽃 5~6월 길이 2m

수박의 원줄기는 길이 2m로 자라고 땅 위를 기면서 뻗고, 마디에는 덩굴손이 있어 다른 식물들을 타고 오른다. 줄기에는 억센 털이 있다. 잎은 어긋나게 달리고 잎 가장자리는 3~4개로 깊게 갈라지면서 손바닥 모양을 만든다. 꽃은 일가화로서 오이 꽃보다는 크고 생김새는 호박 꽃이 아닌 오이 꽃과 비슷하다.

열매를 수박이라고 부른다. 수박의 과육인 속살은 품종에 따라 붉은색과 노란색이 있고 수박 1통에 들어 있는 씨앗은 평균 700개이다. 보통 꽃이 개화한 30일 뒤에는 시장에 판매할 수 있는 열매를 수확할 수 있다.

수박은 열매, 뿌리, 줄기를 약용하는데 주효능은 이뇨와 신장염이다. 둘 다 오줌이 안 나와 몸을 부은 상태로 만들므로 몸의 부기를 빼려면 수박을 자주 섭취하는 것이 좋다. 원산지는 남아프리카이고 국내에는 고려시대에 전래되었다.

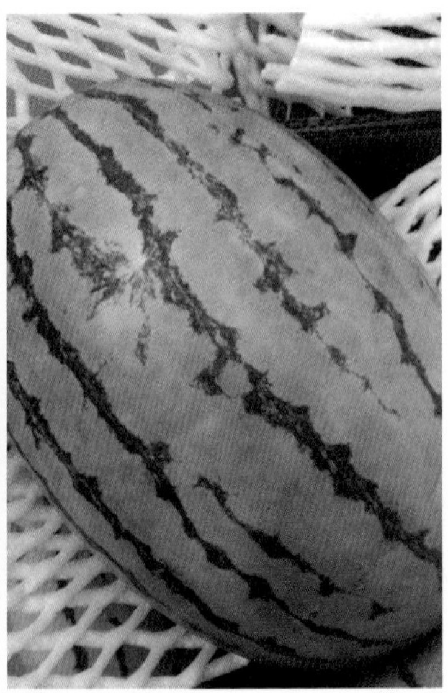

수박 수경재배 가이드

수박 역시 수경재배로 재배할 수 있는데 덩굴이 길고 잎이 크기 때문에 수경재배를 하더라도 자동 수경재배기에서 하는 것이 관리상 편리하다. 수박 종자의 발아 적온은 27~30도, 개화 적온은 15~20도, 생육 적온은 25~30도이다.

봄에 수박 모종을 구입한다. 또는 종자를 젖은 타월에 파종하고 28도 전후 온도에서 하루를 두면 뿌리가 나오는데 이때 스폰지에 심되 뿌리가 부러지면 떡잎이 나오지 않고 죽을 수 있으므로 조심스럽게 뿌리를 아래로 향하게 해준다.

꽃집을 통해 모종을 준비한 경우 대야에 물을 채워 모종의 뿌리만 잠기도록 담근 뒤 반나절 정도 둔다. 그 뒤 흔들어서 흙을 제거한 뒤 뿌리가 손상되지 않도록 샤워기로 깨끗하게 세척한다.

입구가 좁은 큰 수경 용기에 식물체를 설치하여 뿌리의 70~80%가 잠기도록 물을 채워 첫 일주일은 1~2일에 한 번 물을 교체한다. 이 경우 열매 수확은 힘들고 잎을 관상할 목적으로 안성맞춤이다.

수박을 수확하려면 담액식 재배나 반수경재배기, 또는 자동 수경재배기에서 재배한다. 덩굴성의 줄기를 유인하기 위해 지지대도 필요하다. 포트에는 통상 펄라이트나 황토볼을 채우고 3~5포기의 모종을 설치하고 물이나 양액 관수를 적절히 조절한다.

수경재배기는 베란다의 양지~반양지에 배치한다. 수박 수확이 목적이면 노지 재배법과 같은 방식으로 줄기와 꽃의 순지르기 작업을 병행해야 한다. 통상 파종 후 빠르면 3개월 뒤부터 수확할 수 있다.

편도선염, 알코올중독, 편두통에 좋은

수세미오이(수세미)

박과 덩굴성한해살이풀 *Luffa cylindrica* 꽃 8~9월 길이 10m

수세미오이는 줄기에서 나오는 수액을 받아 피부미용에 사용하는 식물로 유명하다. 원산지는 동남아시아, 국내에는 재배하던 것이 널리 퍼졌다. 국내에서의 수세미오이는 수액을 받아서 피부미용에 사용하지만 동남아시아에서는 어린 열매를 식용할 목적으로 재배한다. 완전 성숙한 열매는 섬유질이 발달하기 때문에 그릇을 설거지할 때 스폰지처럼 사용할 수 있다. 이 때문에 이 식물은 수세미라는 별명이 붙었다.

줄기는 길이 10m 내외로 자라지만 호박줄기와 달리 가느다랗기 때문에 관리는 용이한 편이다.

수세미오이는 뿌리, 줄기, 잎, 종자 등 모든 부분을 약으로 사용하데 보통 열매를 건조시킨 후 사용한다. 뿌리는 혈액순환, 부기, 축농증, 뱀에 물린 상처에, 열매 말린 것은 혈액순환, 부기, 편두통에 사용한다. 줄기 하단을 자르면 흐르는 수액은 화장수로 좋다. 이 수액을 졸여서 복용하면 감기, 편도선염, 부기, 알코올중독에 효능이 있다.

수세미오이(수세미) 수경재배 가이드

수세미오이의 파종은 4~5월이 좋고 발아 적온은 18~35도, 생육 적온은 20~30도이다. 노지 파종은 통산 40~45일 뒤 이식할 수 있는 모종이 된다. 하우스나 실내에서 고온 상태에서 파종하면 한 달 내 모종으로 자란다. 어린 열매는 식용할 수 있지만 장기간 보관 중 쓴맛이 생성된 경우 변질된 상태이므로 식중독을 일으킨다.

봄에 수세미오이 모종을 구입한다. 또는 종자를 젖은 타월에 파종한 뒤 온도를 30~35도로 높일 경우 하루나 이틀 뒤 싹이 튼다.

꽃집을 통해 모종을 준비한 경우 대야에 물을 채워 모종의 뿌리만 잠기도록 담근 뒤 반나절 정도 둔다. 그 뒤 흔들어서 흙을 제거한 뒤 뿌리가 손상되지 않도록 샤워기로 세척한다.

주둥이가 좁은 수경 용기에 모종을 설치한 뒤 뿌리의 70~80%가 잠기도록 물을 채워 첫 일주일은 매일 물을 교체하고 그 뒤에는 2~3일에 한 번 물을 교체한다.

열매 수확이 목적인 경우, 수세미오이는 물을 좋아하기 때문에 담액식에서도 자라지만 덩굴 관리가 편리한 반수경재배기 또는 자동 수경재배기로 재배하는 것이 좋다. 자동 수경재배 포트에는 통상 펄라이트를 채우고 2~5포기 정도 재배해 본다.

노지 재배법처럼 순지르기를 한다. 통상 파종 후 빠르면 2개월 지나 수확할 수 있는데 수확 시기를 놓치면 섬유질이 많아진다. 식용하려면 꽃이 핀 한 달 내 수확, 약용 목적이면 한 달 더 키운 뒤 수확한다.

사지동통, 마비증에 약용하는

참외

박과 덩굴성한해살이풀 *Cucumis melo* 꽃 6~7월 길이 2m

참외는 머스크멜론의 하나로서 인도에서 야생하는 품종이 신라시대 이전에 중국 등을 통해 우리나라에 전래된 후 우리 기후에 맞게 토착화되어 자연 발생하면서 개량된 일종의 돌연변이 종이다. 이것 또한 지방마다 토착화되어 개구리참외, 강서참외 등이 출현하였다.

참외의 원줄기는 땅에서 옆으로 뻗고 잎은 어긋나게 달린다. 잎겨드랑이에는 덩굴손이 있어 물체를 감아 위로 오르는 속성이 있다. 꽃은 6~7월에 개화하고 일가화인데 생김새는 오이 꽃과 호박꽃의 중간쯤에 해당한다. 열매는 참외라고 부르며 과일로 식용한다.

한방에서는 참외의 열매와 뿌리를 약용한다. 예로부터 사지동통, 마비증, 이뇨, 담, 부종, 인후통, 빈혈 등에 사용하였다.

참외 수경재배 가이드

참외 파종은 3~4월, 노지 이식은 5월 초가 좋다. 발아 적온은 30~35도, 온도에 따라 4~8일에 발아한다. 30도 전후에서 발아시킨 경우 발아 후 육묘할 때는 온도를 25도 전후로 낮춘다. 생육 적온은 밤 18도 이상, 낮 25~30도이다. 발아 후에는 약 40일간 육묘한 뒤 본잎이 4~6매일 때 수경재배기나 노지에 이식한다.

4월 말 전후 꽃집에서 참외 모종을 구입한다. 또는 종자를 젖은 타월에 파종하고 발아 적온을 유지하면 4~8일 만에 싹이 나온다.

꽃집을 통해 모종을 준비한 경우 대야에 물을 채워 모종의 뿌리만 잠기도록 담근 뒤 반나절 정도 둔다. 그 뒤 흔들어서 흙을 제거한 뒤 뿌리가 손상되지 않도록 샤워기로 깨끗하게 세척한다.

잎을 관상하는 것이 목적이면 주둥이가 좁은 수경 용기에 모종을 설치하여 뿌리의 70~80%가 잠기도록 물을 채워 첫 일주일은 매일 물을 교체한다. 이 경우 열매 수확은 힘들고 잎을 관상할 목적으로는 안성맞춤이다.

열매 수확이 목적인 경우, 덩굴 관리가 편리한 자동 수경재배기로 재배하는 것이 좋다. 포트에는 통상 펄라이트를 채우고 2~5포기 정도 재배해 본다.

열매 수확이 목적이면 노지 재배법과 같은 방식으로 순지르기를 하여 아들줄기를 계속 만들어준다. 꽃은 통상 파종 후 3개월이 지나면 개화한다. 그로부터 3~4주 뒤에는 참외를 수확할 수 있다.

피부미용, 노화예방에 좋은

토마토와 방울토마토

가지과 한해살이풀 *Solanum lycopersicum* 꽃 5~6월 높이 1.8m

토마토의 원산지는 중남미 열대지역이다. 고대 아즈텍인들은 토마토를 'Nahuatl'이라고 불렀는데 이 단어가 신대륙 발견 당시 스페인어의 'Tomatl'이 되었고 지금이 'Tomato'라는 영문 이름이 되었다.

토마토는 원래 열대 원산이지만 지금은 전세계 온대지방에서 흔히 재배하는 작물이 되었고 열매는 그 쓰임새가 다양해 케첩이나 스파게티 소스 외에도 스튜, 샐러드, 제빵, 음료, 아이스크림 등의 다방면에서 사용되고 있다,

토마토는 원산지에서는 여러해살이풀이지만 온대지방에서는 한해살이풀이고, 온실에서 재배하면 온도에 따라 3년까지 살 수 있다.

토마토의 원줄기는 원산지에서는 3m까지 성장하지만 온대지방에서는 1.8m, 보통은 1m 내외로 성장한다. 잎은 어긋나기하고 우상복엽으로서 9~19장의 작은 잎으로 되어 있다. 꽃은 봄~여름에 마디사이에서 개화하는데 생김새는 가지 꽃과 비슷하고 색상은 황색이다.

열매는 여름~가을에 붉은색으로 성숙한다. 열매를 토마토라고 부르며 식용하거나 주방의 식재료로 사용한다.

토마토는 노화예방, 피부미용, 시력증진, 소화불량, 갈증해소, 식욕부진에 효능이 있다고 한다.

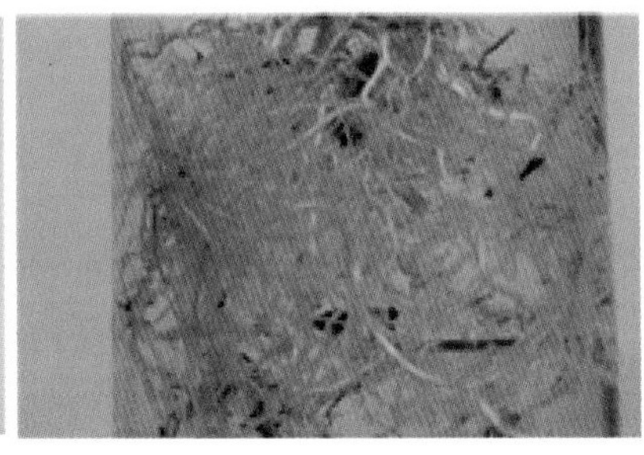

토마토/방울토마토 수경재배 가이드

토마토의 발아 최적 온도는 20~30도이고 다른 작물과 달리 햇빛이 없는 곳이어야 발아가 잘 된다. 토마토는 종자가 많으므로 파종 전 29도 전후의 온수에 하루 정도 담갔다가 파종한다. 보통 일주일 내에 발아한다. 생육 적온은 밤은 8도 이상, 낮은 30도 이하이다. 발아 후 본잎이 4~6매일 때 수경재배기나 노지에 이식한다.

● ● ●

봄에 꽃집에서 토마토 모종을 구입한다. 또는 종자를 30도 온수에 하루 정도 담갔다가 젖은 타월에 파종한 뒤 모종으로 육성한다.

보통은 꽃집을 통해 모종을 준비한다. 대야에 물을 채워 모종의 뿌리만 잠기도록 담근 뒤 하루 정도 둔다. 그 뒤 흔들어서 흙을 제거한 뒤 뿌리가 손상되지 않도록 샤워기로 깨끗하게 세척한다.

입구가 좁은 용기에 식물체를 설치하여 뿌리의 70~80%가 잠기도록 물을 채워 첫 일주일은 1~2일에 한 번 물을 교체한다. 이 경우 관상용으로 즐길 수 있지만 열매 수확은 조금 어려울 수 있다.

토마토는 과습하면 열매 상태가 악화되기 때문에 항상 물이 차 있는 담액식보다는 반수경재배기나 자동 수경재배기에서 재배한다. 보통 5~10포기를 재배하면서 생장 상태를 보면서 양액 농도를 조절한다.

토마토 수경재배기는 베란다의 양지~반양지에 배치한다. 토마토 같은 과일 작물은 순지르기를 하여 양분이 꽃과 열매에 가도록 유도해야 알차고 좋은 열매를 수확할 수 있다.

물에서 잘 자라는

토란 & 물토란

천남성과 여러해살이풀 *Colocasia esculenta* 꽃 8~9월 높이 1.5m

천남성과 식물은 산의 축축하고 습한 곳에서 자라므로 토란 역시 그런 환경에서 잘 자랄 것이다. 만일 토란을 수경재배할 때 물 관리할 자신이 없으면 물토란을 수경재배해 보자.

우리나라 밭 옆에서 흔히 볼 수 있는 토란은 열대아시아가 원산이고 국내에서는 뿌리와 줄기를 식용할 목적으로 재배한다.

잎은 뿌리에서 바로 올라오고 높이 1.5m 정도로 자란다.

꽃은 8~9월에 잎보다 짧은 꽃대가 올라온 뒤 노란색으로 개화하지만 보통은 꽃이 개화하는 경우는 드물고 꽃이 개화를 해도 무성화이기 때문에 열매가 생기지 않는다.

따라서 토란은 땅 밑 뿌리에 있는 알 모양의 땅속줄기로 번식한다. 이 둥근 땅속줄기를 씨토란(알토란)이라고 부른다. 종자용은 씨토란(알토란)이라 부르지만 시장에서는 토란이라고 부르고 추석 때 토란국으로 먹는다.

화초 특징

토란은 역사적으로 볼 때 가장 오래 전부터 인간이 식용 목적으로 재배한 농작물 중 하나이다. 주로 열대 아시아, 열대 태평양, 열대 아프리카에서는 지금도 토란을 식량으로 먹는 국가들이 있다. 중국에서는 토란의 뿌리를 유방염, 구내염, 부종, 화상, 외상 출혈에 사용한 기록이 있다.

토란 & 물토란 수경재배 가이드

토란은 담액식은 물론 자동 수경재배기로도 재배할 수 있다. 하지만 토란 수경재배는 나중에 잎사귀가 커지기 때문에 연못 형태의 원형 수조나 큰 어항 등에서 재배하고 물 공급을 편하게 하려면 LECA 경량 황토볼로 반수경재배를 하는 것도 좋아 보인다.

봄에 꽃집에서 토란 모종을 구입한다. 또는 씨토란을 종묘상에서 구입한 뒤 4월 중순~5월 초에 노지 파종하거나 수경재배기에 파종한다. 씨토란(알토란)의 발아 적온은 27~30도이고 온도만 맞으면 1개월 내에 새 싹이 올라온다. 토란의 생육 적온은 20~25도이다.

보통은 꽃집을 통해 모종을 준비한다. 대야에 물을 채워 모종의 뿌리만 잠기도록 담근 뒤 반나절 정도 둔다. 그 뒤 흔들어서 흙을 제거한 뒤 뿌리가 손상되지 않도록 샤워기로 깨끗하게 세척한다.

큰 수경 용기나 어항에 토란 모종을 설치한 뒤 뿌리의 70~80%가 잠기도록 물을 채워 1~2일에 한 번 물을 교체한다.

씨토란(알토란)을 담액식으로 재배하려면 씨토란 2~5개를 수경 용기나 반수경재배기 또는 자동 수경재배기에 집어 넣고 싹을 위를 향하게 한다. 담액식 재배는 씨토란 높이의 절반 위치까지 물이나 양액을 채운 뒤 기포발생기를 설치하고 물을 관수한다.

수경재배 용기는 양지~반그늘에 배치한다. 토란 수확은 파종 6개월 뒤에 하므로 대략 8~10월에 수확한다. 수확한 토란을 다음해의 씨토란으로 사용하려면 10일 정도 음건한 뒤 창고 같은 실내에서 모래로 덮어준다.

심리안정, 당뇨 예방에 좋은

옥수수

벼과 한해살이풀 *Zea mays* 꽃: 7~8월 높이 3m

남아메리카 열대지방이 원산지인 옥수수는 16세기 말 중국을 통해 국내에 전래되었다.

그 후 옥수수는 중국에서 옥척서(玉蜀黍) 또는 '옥촉촉'이라고 이름 지었다. 그런데 실제 중국어 발음은 둘 다 '이슈슈'라고 발음하는데 이 발음을 그대로 차용한 것이 지금의 옥수수란 이름이다.

중국에서의 옥수수는 지방마다 다른 이름으로 불리었지만 현대 중국에서는 보통 옥미(玉米)라고 부른다. 옥수수의 영문 명칭은 메이즈(Maize)이지만 흔히들 콘(Corn)이라는 단어도 옥수수를 부르는 단어 중 하나이다.

옥수수는 벼과 식물 중에서는 높이 1~3m까지 자라는 키가 큰 식물이다.

잎은 창 모양이고 원줄기를 감싸며 돋아난 뒤 길이 1m까지 자란다. 잎은 옥수수 한 그루당 보통 15매 안팎이 달린다.

꽃은 원줄기 상단에서 이삭꽃이 총상꽃 차례로 달린 뒤 원추 모양을 만들고 암수 꽃은 따로 있다. 농촌에서 흔히 보는 옥수수 상단의 이삭 모양 꽃은 사실 옥수수의 수꽃이고, 열매에 붙어 있는 수염은 사실 옥수수 암꽃의 암술대이다. 암꽃은 잎겨드랑이에서 여러 겹의 포에 쌓여서 생기는데 이 포가 옥수수 열매의 껍질이다.

옥수수는 전초를 약용할 수 있지만 간단한 방법인 옥수수차와 옥수수수염차로 음용하는 것도 좋다.

한방에서는 옥수수를 신염, 이뇨, 비출혈, 축농증, 가래, 심리불안, 고혈압 및 당뇨 예방에 사용한다. 몸이 잘 붓는 사람의 이뇨나 당뇨 예방 차로 안성맞춤일 것이다.

옥수수 수경재배 가이드

익히지 않은 생옥수수는 그 자체로 기온이나 수분 조건이 좋으면 발아를 한다. 발아 적온은 13~16도이다. 13도 이상의 온도에서는 20여 일, 20도 이상의 온도에서는 일주일 내 발아하고 육묘는 15~20일, 파종에서 열매 수확까지는 통상 3~4개월이 소요된다.

옥수수는 타가수분 식물이기 때문이 1개만 심으면 수분이 안 되어 열매가 생기지 않는다. 따라서 모종은 2개 이상 준비한다. 또는 4~5월에 종자를 구입한 뒤 23도 내외의 온수에 6~24시간 담근 뒤 젖은 타월에 파종해 발아시킨다. 역시 2개 이상의 종자를 발아시킨다.

꽃집을 통해 모종을 준비한 경우 대야에 물을 채워 모종의 뿌리만 두 시간 정도 담근 뒤 흙을 제거한다. 뿌리가 손상되지 않도록 샤워기로 깨끗하게 세척한다.

관상용의 경우 주둥이가 좁은 수경 용기에 모종을 설치하여 뿌리의 70~80%가 잠기도록 물을 채워 1~2일에 한 번 물을 교체한다.

열매 수확용의 경우 담액식 재배나 반수경재배기, 자동 수경재배기를 이용한 재배법이 좋다. 담액식 재배는 옥수수 종자를 3~10포기가 나오도록 젖은 종이타월에서 발아시킨 후 스폰치에 안착해 잎이 3~4매로 자랐을 때 담액식 재배기로 옮긴 후 물이나 양액을 뿌리의 70~80%까지 채우고 소진되면 재공급한다.

수경재배기는 양지~반그늘에 배치한다. 노지에서는 바람에 의해 자연수분이 되지만 실내에서는 옥수수 꽃이 막 피었을 때 A 옥수수의 수꽃 가루를 털어서 B 옥수수의 암술에 뿌려 강제수분해야 한다.

Part 3

우리집 화초 수경재배

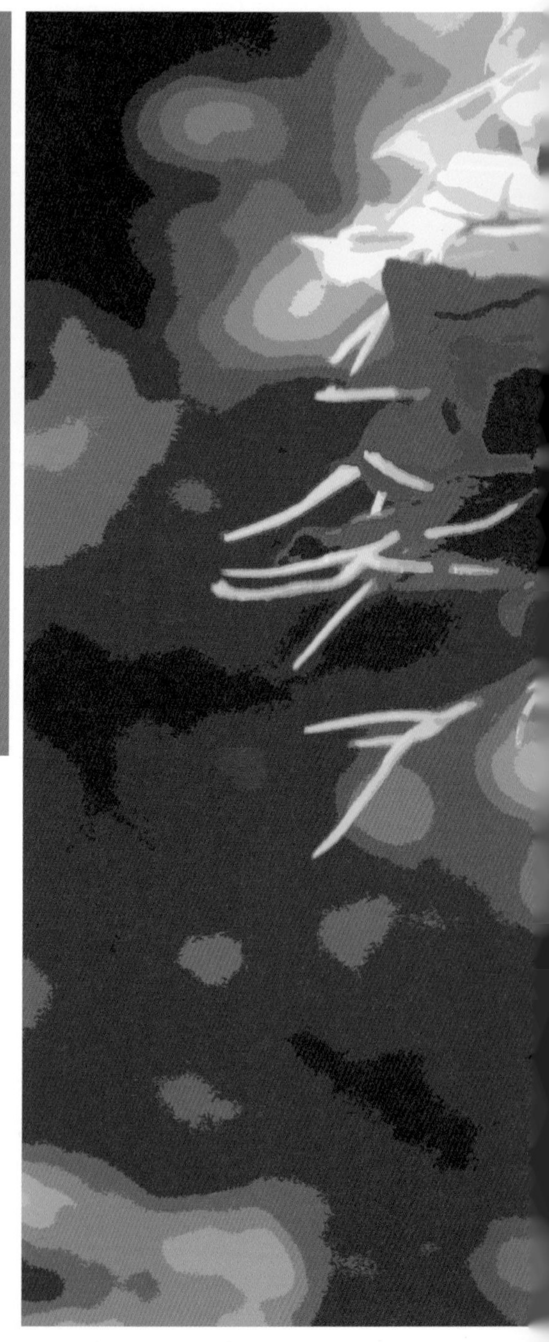

남아프리카에서 온 꼬리 2개의 화초

다이시아 (Diascia)

현삼과 한해살이풀　*Diascia bergiana*　꽃 6~9월　높이 30~60cm

다이시아는 금어초의 사촌에 해당하는 식물이다. 남아프리카 원산의 초화류로서 50~60여 유사종이 있고 품종에 따라 한해살이풀이거나 여러해살이풀이다.

전초는 높이 30~60cm로 자라지만 품종에 따라 최대 120cm까지 자라기도 한다. 꽃의 색상은 분홍색, 붉은색 등 여러 가지가 있고 꽃봉우리에는 오일이 있다.

남아프리카 원산지에서는 여름 강수 지역인 서해안~북서해안 사막지대에서 자생하는 것은 여러해살이풀, 그 외 지역에서 자생하는 것은 한해살이풀 속성이 있다.

영어로는 보통 'Twinspur' 또는 'Diascia'라고도 한다.

화초의 특징

꽃봉우리 아래에 2개의 꼬리가 나 있다. 꼬리 안에는 벌을 유인하는 꿀이 들어 있어 밀월 식물로도 안성맞춤이다. 식물명 Twinspur의 Spur는 갈고리 모양의 박차를 의미한다. 꽃봉오리의 하단부가 갈고리 형태의 박차 모양인데 2개씩 있기 때문에 Twinspur라는 이름이 붙었다.

다이시아 수경재배 가이드

늦가을 첫 서리에는 견디는 힘이 있지만 여름철 강한 더위에는 약하다. 여름에는 보통 양지~반그늘에서 키운다. 다른 화초에 비해 물을 좋아하지 않는다. 적합 Ph는 6.0~6.5. 종자 파종은 이른봄 15도 이하에서 하고 통상 2주일 뒤 발아하며 5월 초에 노지 이식한다. 개량종은 종자 대신 꺾꽂이로 번식한다

봄에 꽃집에서 꽃이 피기 전 혹은 꽃이 개화한 다이시아 모종을 구입한다. 또는 종자를 재배할 분량의 2~3배만큼 스폰지에 파종 및 발아시킨 후 스폰지에서 잎이 3~4매로 자랄 때까지 육묘하여 준비한다.

모종을 구입한 경우 대야에 물을 채워 뿌리만 잠기도록 담근 뒤 6시간 정도 둔다. 그 뒤 흔들어서 흙을 제거한 뒤 뿌리가 손상되지 않도록 샤워기로 세척하면서 잔여 흙을 깨끗히 제거한다.

입구가 넓은 수경 용기에 식물을 설치한 뒤 뿌리의 70~80%가 잠기도록 물을 채워 1~2일에 한 번 물을 교체하고 일주일 뒤부터 일주일에 2회 교체한다. 길면 두 달 이상 생존한다.

화단 식물처럼 오랫동안 재배하려면 자동 수경재배기에서 재배한다. 모종을 육종한 경우 스폰지까지 재배기로 옮긴다. 담액식 재배는 물이 거의 말라가면 다시 공급하고 수조에 기포발생기를 설치해야 한다. 물이 줄어든 만큼 뿌리도 물을 쫓아 밑으로 자란다.

수경재배기는 베란다 또는 테라스의 통풍이 잘 되는 양지에 배치하되 햇빛을 좋아하지만 여름 직사광선은 조금 차광한다.

도로의 화초를 수경으로 키우기

팬지

제비꽃과 한해살이풀 *Viola tricolor* 꽃 4~9월 높이 20cm

화단에서 흔히 키우는 식물로 일종의 교배종 제비꽃이다. 비올라 혹은 바이올렛이라는 이름으로도 알려져 있다. 꽃의 지름은 품종에 따라 2~8cm, 하단에 수염 모양 바닥 꽃잎이 있고 상부와 측면에 각각 꽃잎이 2개씩 있다. 꽃의 색상은 흰색, 노란색, 자주색, 파란색 등이 있고 삼색 비올라처럼 3가지 색이 있는 품종도 있다.

화초 특징

삼색 팬지는 화단에서 키우는 재배종 팬지의 조상 식물이다. 고도에 관계없이 유라시아 전역에 분포한다. 민간에서는 기관지염, 천식, 방광염 약으로 사용한 기록이 있다.

자생지에서는 초원, 황무지, 풀밭, 모래땅, 해변, 바위 주변에서 자생할 정도로 생명력이 좋다.

원예 특징

양지바른 곳의 물빠짐이 좋은 토양에서 잘 자란다. 번식은 꺾꽂이로 한다. 줄기 마디 위에서 가장 건강한 줄기를 잘라 준비한 후 줄기 끝 절단 면에 성장발육제를 바른 뒤 촉촉한 포트에 심고 양지바른 곳에 두면 뿌리를 내린다.

뿌리를 내린 팬지는 비료를 비옥하게 공급한 화단에 이식한다.

팬지 수경재배 가이드

달리아, 거베라, 백합, 붓꽃 같은 꽃이 큰 품종은 수경재배가 잘 되는 반면 팬지는 꽃이 작아 수경재배에 어려움이 많지만 불가능한 것은 아니다. 다만 팬지의 수경재배는 다른 수경재배에 비해 생존 기간이 짧을 수 있으므로 자동 수경재배기에서 재배한다.

봄에 꽃집에서 꽃이 피기 전 혹은 꽃이 개화한 팬지 모종을 구입한다. 또는 종자를 재배할 분량의 두 배만큼 스폰지에 파종 및 발아시킨 후 스폰지에서 잎이 4~5매로 자랄 때까지 육묘하여 준비한다.

꽃집에서 모종을 구입한 경우 대야에 물을 채워 뿌리만 잠기도록 담근 뒤 반나절 정도 둔다. 그 뒤 흔들어서 흙과 시든 잎, 줄기를 제거한 뒤 뿌리가 손상되지 않도록 샤워기로 세척한다.

입구가 넓은 수경 용기에 식물체를 설치하여 뿌리의 70~80%가 잠기도록 물을 채워 1~2일에 한 번 물을 교체한다. 이 경우 짧으면 10여 일, 길면 몇 달 이상을 생존한다.

화단 식물처럼 장기간 관상하려면 담액식 재배기나 자동 수경재배기에서 재배한다. 모종을 재배기로 옮긴 후 물을 뿌리의 70~80% 부분까지 채운다. 물이 줄어드는 만큼 뿌리도 물을 쫓아 밑으로 자란다. 물이 거의 말라가면 재공급한다. 담액식 재배는 수조에 기포 발생기를 설치해 수중 산소를 발생시켜야 한다.

수경재배 용기는 베란다의 통풍이 잘 되는 양지에 배치하되 여름 직사광선은 조금 차광하고 겨울 추위는 피한다.

수경재배 수명이 긴

페페 (줄리아페페)

후추과 상록한해살이풀 *Peperomia puteolata* 꽃 4~5월 높이 40cm

남미 원산의 페페는 원래 '페페로미아'의 줄임말로 다양한 품종이 있다. 페페 품종은 잎에 줄무늬가 없는 품종과 줄무늬가 있는 품종이 있는데 이 중 줄무늬가 있는 품종은 수박페페, 줄리아페페 등이 있고 본문의 페페 품종은 줄리아페페 혹은 줄페페라고 부른다.

줄리아페페의 잎 길이는 몇 cm 내외이지만 붉은색 줄기는 40cm까지 자란다. 원산지에서의 줄리아페페 꽃은 봄에 피는데 작은 크기이기 때문에 눈에 띄지는 않는다. 줄기는 약간 땅을 기는 성질이 있고 지면에서 넓게 번식한다.

화초 특징

남미에서는 밀림의 지표면에서 자란다. 물을 좋아하기 때문에 수경재배가 잘 되는 식물이다. 물에 꽂아만 놔도 거의 한 달간 유지되지만 결국 뿌리 부패로 인해 고사하기도 한다. 자동 수경재배 시스템을 통해 흐르는 물로 재배하면 오랫동안 자란다.

페페는 직사광선은 피한 밝은 장소에서 키운다. 화분으로 키울 경우 물 빠짐이 좋은 토양에서 잘 자라되 물을 좋아하므로 수분은 충분히 공급한다. 페페는 꺾꽂이로도 번식이 잘 되는 식물이므로 유리컵에 정제수를 넣은 뒤 1~3개 이상의 잎이 있는 줄기를 잘라 꽂으면 1~2개월 뒤 뿌리를 내린다.

페페 수경재배 가이드

공기정화 식물 페페는 수경 재배시 생명이 오래가는 식물이다. 가정에서는 탁자 위에서도 기른다. 18~24도에서 잘 자라며 추위에는 약하므로 10도 이하에서는 실내로 옮긴다. 페페 품종에서 수경재배가 더 잘 되는 품종은 *Peperomia obtusifolia* 품종이 있다. 이 품종도 잎의 얼룩덜룩한 무늬에 따라 다양한 개량종이 있다.

봄에 꽃집에서 페페 모종을 구입한다.

꽃집에서 모종을 구입한 경우 대야에 물을 채워 뿌리만 잠기도록 담근 뒤 하루 정도 둔다. 그 뒤 흔들어서 흙과 시든 잎, 줄기를 제거한 뒤 뿌리가 손상되지 않도록 샤워기로 흙을 세척한다.

주둥이가 넓은 수경 용기에 식물체를 설치하여 뿌리의 70~80%가 잠기도록 물을 채워 1~2일에 한 번 물을 교체하되 물주기를 깜빡하거나 잎이 물에 닿으면 급속도로 부패할 수 있다.

화단 식물처럼 장기간 관상하려면 담액식 재배기나 자동 수경재배기에서 재배한다. 모종을 재배기로 옮겨 심은 후 물을 뿌리의 70~80% 부분까지 채운다. 담액식은 기포발생기를 설치한다. 물이 말라가면 재공급하고, 물이 부패하면 깨끗한 물로 교환해 준다. 필요한 경우 양액이나 액체비료를 공급한다.

수경재배 용기는 베란다의 통풍이 잘 되는 곳에 배치하되 직사광선이 없는 밝은 장소가 좋다. 추위에 약하므로 늦가을에는 실내의 외풍이 없는 장소로 이동시킨다.

남미에서 온 관엽식물

피토니아

쥐꼬리망초과 한해살이풀 *Fittonia verschaffelti* 꽃 4~5월 높이 15cm

피토니아는 페루를 포함한 남미 열대우림의 숲에서 자생한다. 국내에는 화이트스타 품종과 레드스타 품종이 알려져 있고 본문의 꽃은 피토니아 레드스타 품종이다.

원산지에서의 피토니아는 상록성의 여러해살이풀이고 높이 10~15cm로 자란다. 잎의 표면에는 짙은 줄무늬가 있고 꽃은 흰색이며 깨알같이 작다. 추위에 약해 13도 이상에서 재배한다. 물을 좋아하며 가뭄에는 약하지만 과도한 물에도 약하므로 수경재배로 키우기 어려운 식물이다.

화초 특징

피토니아 화이트스타 품종의 원종인 Fittonia albivenis는 아마존 원주민들이 두통약으로 사용하였고 페루의 마키쿵가 부족은 환각제로 사용하였다. 또한 어떤 부족은 시력 개선이나 치통약으로 사용했는데 일반적으로 잎을 차로 마시는 방법으로 즐겼다.

피토니아의 뿌리는 부드러운 수염뿌리이다. 꺾꽂이로 번식이 잘 되는 식물이기 때문에 다발로 된 줄기를 꺼내서 확인하면 각 줄기마다 밑에 수염뿌리가 있다. 수경재배를 할 때는 줄기 한두 개를 주둥이가 좁은 병에 꽂는 방식으로 재배하거나 여러 포기를 한꺼번에 넓은 병에 꽂아서 재배하는 방식이 있다.

피토니아는 물속에 일반적으로 침지하는 방식의 수경재배는 잎이 물이 닿기 때문에 1~2주일 뒤 부패할 수도 있다. 따라서 수경재배를 할 때는 잎이 물에 닿지 않도록 주의하는 것이 좋으며 황토볼 같은 하이드로볼을 이용한 반수경재배는 생존력을 더 높일 수 있다.

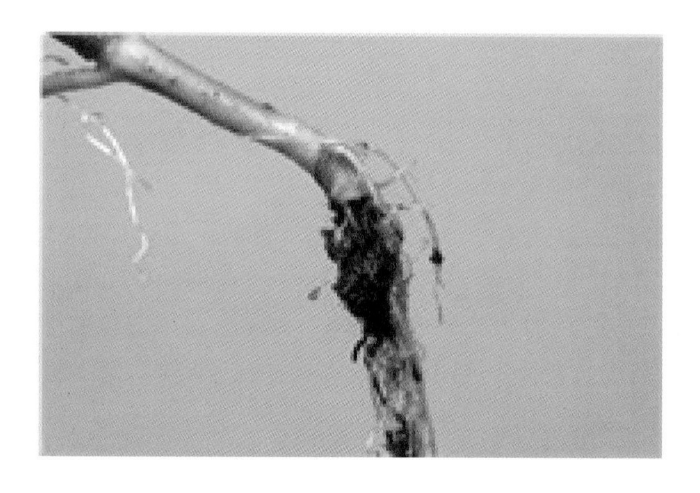

원예 특징

페루에서 피토니아는 정글 지표면에서 자라는 식물이다. 직사광선을 피한 밝은 간접광 장소에서 키운다. 화분으로 키울 때는 습한 환경인 욕실에서도 잘 자란다. 번식은 물에 줄기를 꽂아만 두어도 2~8주 뒤 뿌리를 내린다.

피토니아 수경재배 가이드

피토니아는 추위에 약하므로 기온이 13도 이하로 떨어질 경우 창가에서 실내로 옮긴다. 건조했을 때 물을 공급하면 바로 살아나지만 잎에 물이 과하게 닿으면 부패한다. 화단 식물처럼 장시간 관상하고 싶다면 수분을 일정 간격으로 자동 공급하는 자동 수경재배기나 반수경으로 재배하는 것이 좋다

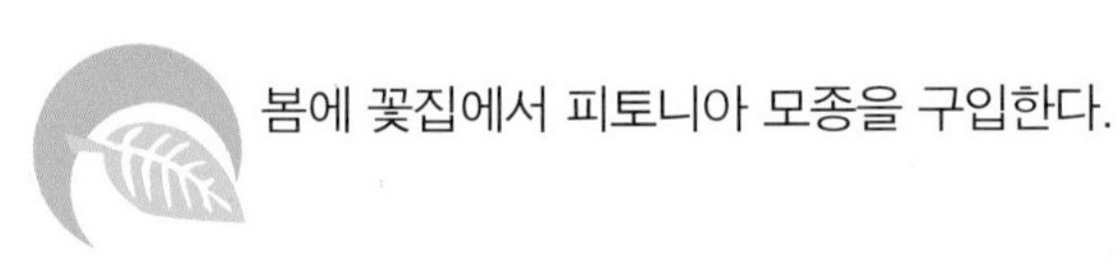

봄에 꽃집에서 피토니아 모종을 구입한다.

모종을 대야에 물을 채워 뿌리만 잠기도록 담근 뒤 하루 정도 둔다. 그 뒤 흔들어서 뿌리의 흙을 제거하고 시든 잎도 제거한 뒤 뿌리가 손상되지 않도록 샤워기로 뿌리를 조심스럽게 세척한다.

주둥이가 넓은 수경 용기에 식물체를 설치하여 뿌리의 70~80%가 잠기도록 물을 채워 일주일 동안은 1~2일에 한 번 물을 교체한다. 잎에 물이 닿으면 며칠 뒤 썩기 시작하니 주의한다.

장기간 관상하려면 일주일 뒤에 황토볼을 이용한 반수경재배기로 옮긴다. 또는 처음부터 자동 수경재배기에서 재배한다. 물이 거의 말라가면 재공급하고, 물이 부패하면 교체해 준다.

수경재배기는 베란다의 통풍이 잘 되는 곳에 배치하되 직사광선이 없는 밝은 장소에서 재배한다. 추위에 약하므로 늦가을의 밤기온이 13도 아래로 떨어지면 외풍이 없는 장소로 이동시킨다.

나도풍란(대엽풍란)

난초과 여러해살이풀 *Aerides japonica* 꽃 6~8월 높이 15cm

정식 명칭은 나도풍란이다. 남부 도서지역이나 바닷가의 바위나 나무에 붙어 해풍을 맞으며 자생한다. 상록성이며 여러해살이풀로 취급한다.

꽃보다는 잎을 관상할 목적으로 키우며, 자연산이 아닌 재배종은 대엽풍란 등의 이름으로 유통된다. 줄기마다 잎은 3~5매씩 어긋나게 달리며, 품종에 따라 잎에 무늬가 없는 품종, 줄무늬 품종, 가장자리에 무늬가 있는 품종이 있다.

같은 풍란이란 이름으로 불리지만 잎이 가느다란 품종은 소엽풍란이라고 한다.

뿌리는 국수발처럼 굵고 번식은 열매가 갈색일 때 채취해 무균상태에서 발아시킨다.

대엽풍란의 꽃

나도풍란은 물을 좋아하지만 물에 완전히 침수시키는 방식의 수경재배에는 적합하지 않다. 관수를 일정마다 자동으로 할 수 있는 자동 수경재배기에서 재배하면 침수를 방지하면서 물관리를 할 수 있다. 또는 반수경재배가 알맞은데 이 경우 황토볼이 아닌 LECA 경량 황토볼을 사용하고 잔여 염분 성분이 난초를 고사시킬수 있으므로 LECA 황토볼을 오랫동안 세척한 후 사용한다.

풍란은 직사광선에 바로 노출하는 것은 피하고 통풍이 잘 되는 곳에서 키우되 저온에는 약하므로 겨울 밤에도 3~4°C 이상을 유지한다.

화초 특징

꽃은 자연 상태에서는 6년 뒤 개화한다. 꽃대마다 6~10송이의 꽃이 달리고 좋은 향기가 난다. 소엽풍란 역시 관수를 자동으로 하는 수경재배 시스템에서 재배해 볼 만하다.

원예 특징

풍란 키우기는 온도, 습도, 통풍이 중요하다. 물을 좋아하며, 공중 습도가 높은 곳에서 잘 자란다. 뿌리를 공중에 노출시키는 특징이 있다.

나도풍란 수경재배 가이드

나도풍란은 물 속에 뿌리를 담그면 결국에는 뿌리가 썩어간다. 따라서 나도풍란을 수경재배하려면 일정 시간마다 자동으로 물을 흘리면서 급수하는 자동 수경재배나 반수경재배가 좋다.

봄에 꽃집에서 나도풍란(대엽풍란) 모종을 구입한다.

물에 담가서 세척한다. 뿌리에서 수태, 바크 등을 털어내고 수경재배한다.

생수병이나 플라스틱 같은 수경 용기에 식물체를 설치한 뒤 밑바닥에 배수구를 여러 개 만든다. 뿌리의 100%를 물에 잠기도록 했다가 30분 뒤에 꺼낸다. 매일 이런 식으로 물 공급을 한 뒤 공중걸이 분처럼 걸어서 키운다.

장기간 편리하게 관상하려면 LECA 황토볼을 이용한 반수경재배가 알맞다. 먼저 LECA 황토볼을 깨끗이 세척해 소금기를 제거한 뒤 플라스틱 통에 풍란을 설치한 후 LECA 황토볼을 넣는다. 플라스틱병 하단에서 위로 10~50% 지점 측면에 구멍을 몇 개 뚫어 배수구를 만든다. 물을 부어서 풍란을 키우고 물이 마르면 물을 재공급한다.

수경재배 용기는 베란다의 밝고 통풍이 잘 되는 곳에 배치하되 직사광선은 피한다. 겨울에는 외풍이 없는 장소로 배치한다.

화초 꽃 수경재배

디모르포테카

국화과 한해살이풀 *Dimorphotheca ecklonis* 꽃 4~9월 높이 1.5m

남아프리카 원산의 데모르포테카는 통상 50cm 내외로 자라지만 교배종은 1.5m까지 자라는 품종도 있다. 원산지에서는 상록성의 여러해살이풀이지만 국내에서는 한해살이풀로 취급한다.

꽃은 길이 20cm 내외의 줄기에 달리고 꽃의 지름은 5~8cm, 꽃의 색상은 품종에 따라 다양하다.

원산지에서는 주로 축축한 풀밭과 강가에서 자생하며 세계적으로는 오스테오스페르멈(Osteospermum), 아프리카 데이지라고도 불린다.

수경재배가 가능한 식물이지만 직접적인 물 접촉 환경에서는 불량한 생장을 보이므로 간헐적 수분 공급이나 간접 접촉 방식으로 수분을 공급해야 한다.

데이지류는 항시 물에 잠길 경우 식물체에 좋지 않은 영향을 준

다. 따라서 물을 일정 시간 때만 자동 관수하는 자동 수경재배기에서 재배하되, 비용 문제로 고민이 많다면 황토볼, 펄라이트, 개구리알 등으로 하는 반수경재배가 좋다. 그 중 황토볼로 재배하는 것이 무난하다. 생수통에 뿌리를 넣은 뒤 그 주변에 황토볼을 넣고 하단에서 위로 20~30% 지점 측면에 배수구를 2개 뚫고 물이 마를 때마다 관수한다.

화단이나 풀밭의 경계선에 심는 식물로 유명하다. 밝은 태양 아래에서 잘 자라지만 반그늘에서도 양호한 성장을 한다.

원예 특징

황무지나 염분성 토양에서도 잘 자라지만 원산지에서는 기름진 토양에서 자생한다. 가뭄에도 잘 견디지만 꽃을 보려면 기름지고 촉촉한 환경이 좋다. -10도 정도의 저온에서 견디는 품종도 있다.

디모르포테카 수경재배 가이드

물에서만 키우면 며칠은 감상할 수 있지만 장시간 재배하면 뿌리가 썩어간다. 항시 물에 잠기지 않도록 황토볼 등을 채워 넣은 용기에서 키우되 수분이 마르면 재공급해 준다. 이 방식의 반수경재배는 식물의 생존력을 대폭 연장할 수 있다.

봄에 꽃집에서 디모르포테카 모종을 구입한다.

모종을 대야에 물을 채워 뿌리만 잠기도록 담근 뒤 2시간 정도 둔다. 그 뒤 흔들어서 뿌리의 흙을 제거하고 시든 잎도 제거한 뒤 뿌리가 손상되지 않도록 샤워기로 조심스럽게 세척한다.

입구가 넓은 수경 용기에 식물체를 설치하여 뿌리의 70~80%가 잠기도록 물을 채워 1~2일에 한 번 물을 교체한다. 물을 자주 교체하지 않거나 잎이 물이 닿으면 며칠 뒤 썩기 시작하니 주의한다.

화단 식물처럼 장기간 관상하려면 자동 수경재배기 또는 황토볼을 이용한 반수경재배를 한다. 생장 속도를 봐가며 액체비료를 추가로 공급해 준다. 황토볼로 반수경재배할 때는 생수병 밑에서 위로 20% 지점에 배수 구멍을 2개 정도 뚫고 물이 마르면 공급해 준다.

수경재배기는 베란다의 통풍이 잘 되는 양지~반그늘에 배치한다. 추위에는 비교적 강하지만 겨울에 밤 기온이 0도 이하로 떨어지면 외풍이 없는 장소로 옮긴다.

모기를 물리치는 허브

장미 허브(로즈 허브)

꿀풀과 한해살이풀 *Plectranthus Cerveza-n Lime* 꽃 5월 높이 30cm

Plectranthus 품종의 하이브리드 품종으로 흔히 장미 허브 또는 로즈 허브라고 불린다. 두툼한 잎을 손으로 만지면 박하향이 나는데 모기를 물리치는 효능이 있다. 수경재배가 가능하지만 잎이 물에 잠겨 있으면 부패하게 되므로 잎이 잠기지 않도록 주의한다. 수경재배보다는 황토볼을 이용한 반수경재배를 하는 것이 더 유리할 수 있다.

원종인 *Plectranthus*는 세계적으로 아프리카, 인도, 마다가스카르, 인도네시아, 호주 등의 남반부에서 자생하며 대략 350여 종으로 분류할 수 있다.

장미 허브의 번식은 종자 또는 꺾꽂이로 할 수 있다. 종자는 파종 전 하룻 동안 물에 담가두었다가 파종한다. 꺾꽂이는 10cm 길이로 줄기를 자른 뒤 상단 잎만 남기고 물에 잠길 하단 잎은 제거한다. 그런 뒤 통풍이 잘 되는 곳에서 반시간 정도 건조시킨 후 물이나 흙에 꽂으면 한달 뒤 뿌리를 내린다.

장미 허브 수경재배 가이드

물에서만 재배할 때는 잎이 잠기지 않도록 주의한다. 물을 과다 공급하는 것을 피하고 장기간 생존시키려면 황토볼 등을 채운 용기에서 반수경으로 재배할 것을 권장한다.

봄에 꽃집에서 장미 허브(로즈 허브) 모종을 구입한다.

모종을 물을 채운 대야에 뿌리만 잠기도록 담근 뒤 반나절 정도 둔다. 그 뒤 흔들어서 뿌리의 흙을 제거하고 시든 잎도 제거한 뒤 뿌리가 손상되지 않도록 샤워기로 뿌리의 잔여물을 세척한다.

입구가 넓은 수경 용기에 장미 허브를 설치하고 일주일 동안은 매일 물을 갈아주면서 뿌리의 흙먼지를 깨끗하게 제거해 준다. 만일 잎이 조금이라도 물에 잠겨 있으면 보통 1주일 정도 지나면 썩기 시작하니 주의한다. 일주일 뒤에는 물을 비운 뒤 황토볼로 반수경 재배를 하되 물이 마르면 재관수한다.

자동 수경재배기에서 재배할 수도 있다. 흙을 제거한 모종을 재배기로 옮겨 심은 후 물의 공급 시간을 조절하고 양액도 공급한다.

수경재배기는 베란다의 통풍이 잘 되는 양지~반그늘 아래에 배치한다.

주방의 여왕 허브 수경재배

바질

꿀풀과 한해살이풀 *Ocimum basilicum* 꽃 6월 높이 60cm

원산지에서는 여러해살이풀이지만 국내에서는 한해살이풀이다. 원산지는 중앙 아프리카~동남 아시아 열대 지방이다. 세계적으로 요리에 사용하는 허브 식물로 알려져 있다.

바질도 다양한 품종이 있는데 이 중 일반적인 식용 바질은 스위트 바질이라는 품종이고 본문 사진도 스위트 바질이다.

바질은 품종에 따라 높이 30~150cm로 자란다. 잎은 풍부한 녹색이고 윤기가 있지만 품종에 따라 잎 모양은 다르다. 꽃은 작고 흰색이며 원줄기에서 꽃대가 올라온 뒤 자잘한 꽃들이 핀다.

바질에서 식용 부위는 잎이다. 이태리 음식의 각종 소스에서 향신료로 사용하고 인도에서는 차로 우려 마신다. 또한 토마토 소스에 넣어 파스타나 스파게티, 샐러드로 먹는데 싱싱한 생잎은 치즈, 마늘 등과 으깨어 페이스트로 만들어 빵에 바른다.

바질은 박하 향이 나는 식물 중에서는 향이 연하기 때문에 대부분의 사람들이 싫어하지 않고 선호한다. 이 때문에 바질 잎은 각종 요리의 데코레이션에서 흔히 사용하는 잎이 되었다.

바질의 번식은 4~5월에 모종으로 재배하거나 종자 파종으로 한다. 종자 번식은 섭씨 24도에서 관리하면 파종 후 3~10일 후 발아한다. 발아 후 3주 뒤 이식하면 그 뒤 한 달 뒤부터 잎을 수확한다. 잎을 수확할 때는 줄기에서 곁눈의 상단부를 잘라서 수확해야 새 잎이 돋아난다.

바질 허브 수경재배 가이드

바질을 농업용으로 대량 수경재배하려면 양액의 전기 전도도(EC)는 1.6~2.2, pH는 5.6~6.6, 온도는 18~32도가 적합하다. 습도는 40~60%, 조명은 하루 14시간 공급하고, 바질 줄기가 번성할 수 있도록 모종 간격은 20cm를 유지한다.

봄에 꽃집에서 바질 모종을 구입한다.

대야에 물을 채워 뿌리만 담가 반나절 정도 둔다. 그 뒤 흔들어서 뿌리의 흙을 제거하고 시든 잎도 제거한 뒤 뿌리가 손상되지 않도록 샤워기로 뿌리를 조심스럽게 세척한다.

입구가 넓은 수경 용기에 식물체를 설치한 뒤 뿌리의 70~80%가 잠기도록 물을 채워 첫 2주는 1~2일에 한 번 물을 교체한다. 물을 자주 교체하지 않거나 잎이 물이 닿으면 썩기 시작하니 주의한다. 2주 뒤부터는 일주일에 1~2회 물을 교체한다.

장기간 관상하려면 자동 수경재배기에서 재배한다. 흙을 제거한 모종을 수경재배기에 심은 후 양액 통에 표준 양액을 넣고 공급 간격은 보통 2시간 간격, 하루에 8~10차례 정도로 설정한 뒤 생장 속도를 봐가며 공급 간격이나 양액 농도를 조절한다. 양액은 질소 성분이 조금 높은 것이 좋다.

수경재배기는 베란다의 통풍이 잘 되는 양지~반그늘 아래에 배치한다. 겨울 밤에는 온도가 내려가므로 창가에서 멀리 떨어진 안쪽으로 옮긴다.

혈액순환 약으로 사용하는 대나무 모양의 잡초

닭의장풀

닭의장풀과 한해살이풀 *Commelina communis* 꽃 7~8월 높이 50cm

한해살이풀인 닭의장풀은 주로 극동아시아 지역의 밭, 길가, 습지에서 자란다. 잎은 어긋나고 대나무처럼 생긴 마디가 올라오고 밑에는 파뿌리처럼 생긴 뿌리가 내린다.

하늘색의 꽃은 잎겨드랑이에서 꽃자루가 나온 뒤 7~8월에 개화한다. 외꽃덮이 3개는 막질의 무색이고 안쪽의 상단 2개는 하늘색, 다른 1개는 무색이다. 2개의 정상적인 수술과 꽃밥이 없는 수술 4개가 달린다.

잎은 길이 5~7cm인데 털이 없거나 뒷면에 약간 털이 있고 생김새는 대나무 잎을 닮았고 이 때문에 몇몇 선비들은 이 초본식물을 대나무에 비유하기도 했다.

민간에서는 잎과 줄기를 식용하고 한방에서는 '압척초'라고 부르며 혈액순환, 수종, 해열, 항염, 비출혈, 말라리아 약으로 사용한다. 일본에서는 닭의장풀의 꽃을 염료로 사용한 기록이 있다.
닭의장풀의 꽃은 하루만 지속된 뒤 바로 지기 때문에 영어로는 'Asiatic Dayflower'라고 부른다. 닭의장풀은 구리를 축척하는 효능이 있어 구리에 오염된 토양을 복원하는 식물로 가치가 높다고 연구되었다.

닭의장풀 수경재배 가이드

종자 혹은 포기나누기로 번식한다. 논두렁이나 밭두렁, 그리고 수로 옆에서 흔히 자라고 수분을 좋아한다고 알려져 있지만 수경재배로 키우기에는 까다롭다. 물꽂이로 수경재배하기보다는 황토볼을 이용한 반수경재배나 자동 수경재배가 좋다.

여름에 화단이나 논두렁, 밭두렁에서 닭의장풀을 뿌리채 채취하되 뿌리가 손상되지 않도록 모종삽으로 흙을 파면서 채취한다.

대야에 물을 채워 뿌리만 잠기도록 담근 뒤 반나절 정도 둔다. 그 뒤 흔들어서 뿌리의 흙을 제거하고 시든 잎도 제거한 뒤 뿌리가 손상되지 않도록 샤워기로 뿌리를 깨끗히 세척한다.

주둥이가 좁은 수경 용기에 식물체를 설치한 뒤 첫 일주일은 1~2일에 한 번 물을 교체한다. 1주 뒤 황토볼을 뿌리 상단까지 채운 플라스틱 병에 이식한 후 황토볼이 잠길 정도로 물을 채우고 일주일에 1~2회 깨끗한 물로 갈아준다. 플라스틱 병 하단에서 위로 20% 지점에는 2개의 구멍을 뚫어 배수구를 만든다.

화단 식물처럼 장기간 관상하려면 자동 수경재배기에서 재배한다. 흙을 제거한 모종을 재배기로 옮겨 심은 후 양액 통에 물을 넣고 공급 시간을 보통 2시간 간격, 하루에 8~10차례로 설정한 뒤 생장 속도를 봐가며 공급 간격을 조절하고 액체비료를 투입해 준다.

수경재배기는 베란다의 통풍이 잘 되는 양지~반그늘에 배치한다.

산야에서 흔하게 자라는 야생화

미나리냉이

십자화과 여러해살이풀 *Cardamine leucantha* 꽃 6~7월 높이 60cm

꽃은 냉이 꽃, 잎은 미나리 잎을 닮았다 하여 미나리냉이라고 한다. 산지의 골짜기, 개울가, 숲가의 그늘진 장소, 다소 축축한 곳에서 흔히 자란다.

잎은 어긋나고 우상복엽이며 잎자루가 길고 작은 잎은 5~7개씩 달리며 작은 잎에는 잎자루가 없다. 잎의 가장자리에는 불규칙한 톱니가 있다.

6~7월에 피는 흰색 꽃은 십자 모양으로 꽃잎이 달리고 자잘한 꽃들이 총상화서로 모여 달린다. 수술은 6개인데 2개는 짧고 암술은 1개이다.

산과 들판에서 흔히 자생하기 때문에 수경 재배용으로 쉽게 채취할 수 있다.

화초 특징

극동 아시아가 원산지이며 우리나라에서도 흔히 자란다. 어린 잎은 나물로 무쳐 먹을 수 있고 말린 잎은 차로 우려마실 수 있다. 민간에서는 뿌리를 백일해와 타박상에 사용했다.

미나리냉이는 씨앗으로 번식한다. 봄에 농촌의 산야의 반그늘 풀밭이나 계곡가에 가면 흔히 볼 수 있으므로 종자 채취는 쉬운 편이다. 산야에서 흔하게 자라고 산나물로서 가치가 없기 때문에 재배하는 경우는 없다.

미나리냉이 수경재배 가이드

미나리냉이는 산야와 산기슭의 축축하고 반그늘의 어두운 곳에서 흔히 자라므로 전초를 채취하는 것은 쉬운 편이다. 하단부가 목본처럼 딱딱한 성질이 있어 의외로 수경재배로는 장기간 재배하기 힘들다. 잎에 감상 가치가 있으므로 2주일 정도 잎을 감상할 목적으로 수경재배를 해 본다.

여름에 산과 들판의 풀밭에서 미나리냉이를 뿌리채 채취한다. 뿌리가 목본 비슷하고 땅에 깊게 들어가 있으므로 모종삽이 필요하다.

신문지나 상자에 넣어 집으로 가져온다. 대야에 물을 채워 뿌리만 잠기도록 담근 뒤 반나절 정도 둔다. 그 뒤 흔들어서 뿌리의 흙을 제거한 뒤 샤워기로 뿌리의 잔여 흙을 세척 제거한다.

주둥이가 좁은 수경 용기에 식물체를 설치한 뒤 첫 일주일은 1~2일에 한 번 물을 교체한다. 1주 뒤 물을 비우고 황토볼을 뿌리 상단까지 채운 뒤 뿌리가 잠길 정도로 물을 채우고 일주일에 1~2회 깨끗한 물로 갈아준다.

화단 식물처럼 장기간 관상하려면 자동 수경재배기에서 재배한다. 흙을 제거한 모종을 재배기로 옮겨 설치한 후 저수통에 물이나 양액을 넣고 공급 시간을 보통 2시간 간격, 하루에 8~10차례로 설정한 뒤 생장 속도를 봐가며 양액 농도와 공급 시간을 조절한다.

수경재배기는 베란다의 통풍이 잘 되는 반그늘 아래에 배치한다.

이뇨에 좋고 염료 식물로도 사용하는

질경이

질경이과 여러해살이풀 *Plantago asiatica* 꽃 6~8월 높이 10~50cm

양지바른 길가, 등산로, 아파트 풀밭 주변에서 흔히 자란다. 사람이나 바퀴가 밟고 지나가도 끈질기게 살아남는 생명력이 질긴 잡초이다. 뿌리에서 잎이 바로 올라오고 줄기가 없다. 잎은 주걱 모양이고 주름 모양의 맥이 있다. 잎의 길이는 15cm, 폭은 8cm이다.

꽃은 6~8월경에 잎 가운데에서 긴 꽃대가 올라온 뒤 이삭화서로 꽃이 달린다. 열매는 삭과이고 성숙하면 갈라지고 열매 안에는 통상 6~8개의 씨앗이 들어 있다.

옛날에는 마차가 지나간 길에서 흔히 자랐다고 하여 차전초(車前草)라고 하였다. 질경이란 이름도 사람이 밟고 지나가도 죽지 않고 생명력이 질기다고 하여 이름 붙었다. 어린 잎은 나물로 식용할 수 있고, 섬유질이 풍부한 잎과 열매는 변비, 설사, 이뇨에 약용한다.

질경이 수경재배 가이드

질경이는 아파트 산책로 같은 풀밭 사이의 길에서 흔히 볼 수 있기 때문에 전초를 채취하는 작업은 쉬운 편이다. 아파트 산책로, 동네 뒷산, 강변 산책로에서 찾아본다. 무게가 가볍기 때문에 걸이분에 거는 방식으로도 기를 수 있다.

봄・여름에 산과 들판, 산책로, 등산로, 논밭 주변에서 질경이를 뿌리채 채취한다. 뿌리가 깊게 들어가 있으므로 조경삽으로 뿌리가 손상되지 않도록 잘 채취한다.

대야에 물을 채워 뿌리만 잠기도록 담근 후 반나절 정도 둔다. 그 뒤 흔들어서 뿌리의 흙을 제거하고 뿌리가 손상되지 않도록 샤워기로 뿌리를 조심스럽게 세척한다.

주둥이가 좁은 수경 용기에 식물체를 설치한 뒤 첫 일주일은 1일에 한 번 물을 교체한다. 1주 뒤에는 황토볼을 채운 용기로 옮겨심어 반수경재배를 시작하는 것이 더 오랜 기간 키울 수 있다.

대량으로 재배하려면 자동 수경재배기에서 재배한다. 흙을 제거한 모종을 재배기로 옮겨 설치한 후 저수통에 물이나 양액을 넣고 공급 시간을 보통 2시간 간격, 하루에 8~10차례로 설정한 뒤 생장 속도를 봐가며 양액 농도와 공급 시간을 조절한다.

수경재배기는 베란다의 통풍이 잘 되는 양지~반그늘에 배치한다.

각종 출혈 증세에 특히 좋은 약초

짚신나물

장미과 여러해살이풀 *Agrimonia pilosa* 꽃 6~8월 높이 1m

산과 들은 물론 농촌의 길가에서 흔히 자란다. 열매에 돌기가 있어 가을에는 짚신 따위에 붙어서 널리 퍼졌다고 하여 짚신나물이란 이름이 되었다.

잎은 줄기에서 어긋나고 기수우상복생으로서 5~7개의 작은 잎으로 되어 있다. 잎의 가장자리는 톱니가 있고 잎 양면에는 성글게 털이 있다. 꽃은 여름에 노란색의 작은 꽃들이 이삭꽃차례로 원줄기 끝이나 가지 끝에 달린다. 꽃잎은 5개, 수술은 12개이다. 열매는 거꾸로 된 원추형이고 윗부분에 가시 같은 돌기들이 있어 운동화나 바지에 쉽게 달라붙는다.

원예 특징

봄과 가을에 씨앗으로 번식하거나 분주로 번식한다. 분주 번식은 뿌리를 절단해 준비하되 뿌리마다 2~3개의 싹이 붙어 있어야 한다. 하우스에서 모종을 육종한 뒤 밭에 정식하기도 하는데 이때 재배 방식은 일반 농작물처럼 취급하면 된다.

한방에서는 용아초(龍牙草) 또는 선학초(仙鶴草)라 하며 지혈, 객혈, 장염, 자궁출혈, 혈뇨, 위장염 등에 약용한다. 최근 연구에 의하면 항암 성분을 함유하고 있음이 밝혀졌다. 치질, 타박상으로 피가 나올 때는 싱싱한 잎을 짓이겨 환부에 바른다.

짚신나물 수경재배 가이드

짚신나물은 깊은 산은 물론 농촌의 길가 풀숲에서도 흔히 자라기 때문에 수경재배 목적의 전초를 채취하는 작업은 번거롭지 않다. 뿌리는 목본처럼 질기고 땅속 깊이 들어가 있으므로 뿌리가 절단되지 않도록 조심해서 채취한다. 수경재배시 수명이 짧은 식물 중 하나이므로 관리를 위해 수경재배 장치에서 재배할 것을 권한다.

봄, 여름에 농촌 산이나 등산로에서 짚신나물을 채취한다. 채취할 때 모종삽이 필요하다.

대야에 물을 채운 뒤 뿌리만 잠기도록 담근 후 반나절 정도 둔다. 그 뒤 흔들어서 뿌리의 흙을 제거하고 뿌리가 손상되지 않도록 샤워기로 잔여물을 조심스럽게 세척한다.

주둥이가 좁은 수경 용기에 식물체를 설치한 뒤 첫 일주일은 1~2일에 한 번 물을 교체한다. 1주 뒤에는 황토볼을 채운 용기로 옮겨 심는다. 물을 채우고 황토볼이 말라가면 물을 다시 관수한다. 뿌리 없는 줄기를 꺾어 물꽂이를 해도 되는데 수명은 1주일 유지된다.

장기간 또는 대량 재배하려면 자동 수경재배기에서 재배한다. 흙을 제거한 모종을 재배기로 옮겨 설치한 후 저수통에 양액이나 물을 넣고 공급 간격은 2시간 간격, 하루에 8~10차례로 설정한 뒤 생장 속도를 봐가며 양액 농도와 공급 간격을 조절한다.

수경재배기는 베란다의 통풍이 잘 되는 반그늘 아래에 배치한다. 다른 화초와 달리 다소 동양화풍 야생화이다.

어혈과 혈액순환에 약용하는 꽃

봉선화

봉선화과 한해살이풀 *Impatiens balsamina* 꽃 7~8월 높이 60cm

인도와 미얀마가 원산지이다. 국내에 전래된 것은 오래 전으로 보이며 학교 화단과 가정집 담장 옆에 즐겨 심으면서 전국에서 흔히 보는 꽃이 되었다. 꽃잎을 백반과 섞어서 만든 즙을 손톱에 바르고 하루 정도 놔두면 물이 드는데 이를 손톱을 염색했다고 하여 '지염'이라고 부른다.

잎은 어긋나고 잎자루가 있고 잎의 가장자리에 톱니가 있다. 줄기는 보통 60cm로 자란다. 꽃은 잎자루 밑에 달리고 7~8월에 개화한다. 꽃의 색깔은 연한 붉은색이지만 흰색이거나 보라색의 봉선화 꽃도 있다. 열매는 5각으로 된 타원상 삭과이고 가을에 성숙하면 종자가 저절로 튀어나온다.

화초 특징

봉선화는 전체를 약용할 수 있다. 전초는 종기·혈액순환·타박통·관절염에 사용하고, 꽃은 거풍·종기·산후어혈·혈액순환에, 열매는 어혈·가슴답답증·간염·산후복통 등에 약용한다. 주 기능은 혈액순환과 어혈 등이다.

봉선화 수경재배 가이드

봉선화과의 식물은 보통 산의 습한 장소나 냇가 주변에서 볼 수 있다. 자생지가 냇가 주변이므로 수경재배를 할 때도 다른 화초에 비해 생존력이 강한 편이다. 생육 온도는 15도 이상, 번식은 25도 전후에서 종자로 하고 파종 후 3~4개월 뒤 꽃을 볼 수 있다.

봄에는 꽃집에서 봉선화 모종을 구입하고 여름에는 화단 등에 심어놓은 봉선화를 뿌리채 채취한다. 봉선화의 뿌리는 실뿌리이므로 손상되지 않도록 모종삽으로 잘 채취한다.

신문지나 상자에 넣은 뒤 집으로 가져온다. 대야에 물을 채워 뿌리만 잠기도록 담근 후 반나절 정도 둔다. 그 뒤 흔들어서 뿌리의 흙을 제거한 뒤 샤워기로 뿌리를 조심스럽게 세척한다.

주둥이가 좁은 수경 용기에 식물체를 설치한 뒤 첫 일주일은 1~2일에 한 번 물을 교체한다. 1주일 뒤에는 황토볼을 채운 용기로 이식한 후 반수경재배를 한다.

장기간 관상하려면 황토볼을 이용한 반수경재배기나 자동 수경재배기에서 재배한다. 뿌리 없이 줄기를 꺾어 물꽂이를 해도 되는데 수명은 다른 식물에 비해 길다.

수경재배기는 베란다의 통풍이 잘 되는 양지~반그늘 아래에 배치한다.

바위 정원에 어울리는

선애기별꽃(애기별꽃)

석죽과 여러해살이풀 *Houstonia caerulea* 꽃 2~7월 높이 20cm

‘선애기별꽃’은 북미 원산의 원예 품종이며 ‘애기별꽃’이란 꽃과 전혀 다른 품종이다. 꽃이 하늘을 향해 서 있다 하여 선애기별꽃이란 이름이 되었다. 선호하는 환경은 약간 반그늘의 습한 약산성 토양이다. 잔디와 함께 심을 경우 생존경쟁에서 밀리므로 보통은 화단에 별도로 심는데 특히 암석 정원에 잘 어울린다.

선애기별꽃은 벌들을 모으기 때문에 밀원식물로 활용할 수 있다. 가정에서 키울 경우 대부분 화분에서 키우지만 바위 정원이나 나비 정원 따위에 잘 어울리고 특히 바위 정원에서 생존력이 양호하므로 펜션의 돌계단 옆을 장식하는 식물로 심으면 더 좋다.

화초 특징

미국에서의 꽃 이름은 ‘퀘이커레이디’라고 한다. 꽃의 생김새가 퀘이커교도의 여성들이 쓰고 다녔던 모자와 비슷하다고 하여 이름 붙었다. 선애기별꽃 포푸리는 먼저 꽃을 수확한 뒤 햇볕이 잘 들어오는 창가에서 건조시킨다. 그 후 포푸리 주머니나 유리병에 넣는다.

선애기별꽃 수경재배 가이드

선애기별꽃은 바위 가든 같은 사질 양토에서도 잘 자란다. 습한 토양이라고 해도 물빠짐이 좋은 장소면 자란다. 수경재배를 할 때는 일반 수경재배보다는 반수경재배기나 자동 수경재배기에서 재배한다. 번식은 종자와 분주로 할 수 있는데 종자 번식도 잘 된다.

봄에 꽃집에서 선애기별꽃 모종을 구입하고 여름에는 화단 등에 심어놓은 선애기별꽃을 뿌리채 채취한다. 선애기별꽃의 뿌리는 실뿌리이므로 손상되지 않도록 잘 채취한다.

대야에 물을 채워 뿌리만 잠기도록 담근 후 반나절을 둔다. 그 뒤 흔들어서 뿌리의 흙을 제거하고 샤워기로 뿌리를 조심스럽게 세척한다.

주둥이가 중간 크기인 수경 용기에 식물체를 설치한 뒤 첫 일주일은 1~2일에 한 번 물을 교체한다. 그 후 쟁반이나 대접 모양 화분에 작은 돌로 암석 가든을 꾸민 뒤 황토볼을 깔고 선애기별꽃을 황토볼 사이에 심는다. 물은 황토볼이 말라갈 때 공급한다.

장기간 관상하려면 자동 수경재배기에서 재배한다. 흙을 제거한 모종을 재배기로 옮겨 심은 후 양액 통에 양액이나 물을 넣고 공급 시간을 보통 2시간 간격, 하루에 8~10차례로 설정한 뒤 생장 속도를 봐가며 양액 농도와 공급 간격을 조절한다.

수경재배기는 베란다의 통풍이 잘 되는 양지~반그늘 아래에 배치한다.

사포닌이 함유된 야생화

애기나리 & 큰애기나리

백합과 여러해살이풀 *Disporum smilacinum* 꽃 4~5월 높이 10~40cm

애기나리는 중부이북의 깊은 산의 낙엽수림 아래 풀밭이나 계곡 옆, 등산로 옆의 그늘지고 울창한 풀밭에서 자란다. 잎은 어긋나고 잎자루가 없고 가장자리는 밋밋하다. 꽃은 4~6월에 가지 끝에서 1~2개씩 달리고 색상은 흰색~연록색이다. 수술은 6개, 암술머리는 3개로 갈라진다. 열매는 6~10월에 출현하고 성숙하면 검은색으로 익는다.

유사종으로는 애기나리와 비슷하지만 키는 1.5배 더 크고, 꽃은 1~3개, 꽃잎에 연한 녹색빛이 도는 '큰애기나리', 깊은 산에서 자생하며, 꽃의 색상은 옅은 노란색에 자주색 반점이 있는 '금강애기나리'가 있다. 큰애기나리는 높은 산의 해발 500~600m쯤에서 흔하고 금강애기나리는 높은 산의 침엽수림 하부에서 더러 자란다.

애기나리는 전초에 약간의 독성이 있으므로 식용 및 약용을 하되 조심스럽게 사용한다. 독성이 없는 풀솜대와 잎 모양이 비슷하기 때문에 이른봄에 풀솜대를 채취하려다가 애기나리를 채취하기도 한다. 약용할 경우 법제하여 약용하고 애기나리 잎과 줄기, 뿌리는 식용을 피한다.

애기나리나 큰애기나리에는 칼복실산과 사포닌이 함유되어 있다. 약용하려면 여름~가을에 뿌리를 채취한 뒤 햇볕에 건조시킨다. 천식, 해수, 건위, 가래, 소화, 치질 등에 효능이 있다.

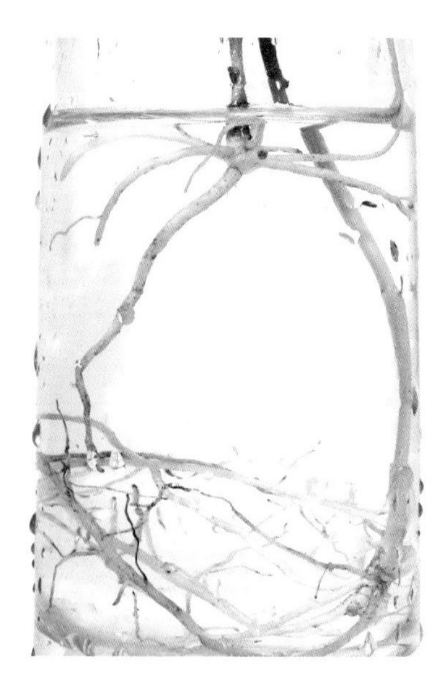

원예 특징

반그늘 밑의 사질 양토에서 잘 자란다. 도시 조경에서는 일반적으로 큰 나무 밑의 풀밭 한쪽에 군식으로 심는 액센트 야생화로 인기가 있다. 번식은 포기나누기나 근삽으로 할 수 있는데 번식이 잘 되는 편이다.

애기나리 수경재배 가이드

산에서 애기나리나 큰애기나리를 채취한다. 보통 꽃이 피어 있을 때는 쉽게 찾을 수 있으므로 꽃이 핀 4~6월이 채취 시기로 좋다. 뿌리가 철사처럼 생겼으므로 채취할 때 뿌리가 부러지지 않도록 조심한다. 요즘은 원예도매상가에서 애기나리를 더러 판매를 하기도 한다. 번식은 종자와 포기나누기로 할 수 있다.

봄에 산에서 채취하거나 꽃집에서 애기나리 모종을 구입한다. 채취할 때는 뿌리가 손상되지 않도록 주의한다.

신문지나 상자에 넣은 뒤 집으로 가져온다. 대야에 물을 채워 뿌리만 잠기도록 담근 후 반나절 정도 둔다. 그 뒤 흔들어서 뿌리의 흙을 제거하고 뿌리가 손상되지 않도록 샤워기로 조심스럽게 세척한다.

식물 특성상 줄기가 철사처럼 직립하는 경향이 있다. 주둥이가 좁은 꽃병 모양의 수경 용기에 식물체를 설치한 뒤 첫 일주일은 1~2일에 한 번 물을 교체한다. 그 후 황토볼을 이용한 반수경재배를 권장한다.

애기나리 수경재배는 어려움이 많지만 줄기와 잎이 강건하기 때문에 황토볼로 반수경재배를 하면 오랫동안 잎을 관상할 수 있다. 한 번에 10주 이상 대량으로 재배하려면 자동 수경재배기에서 재배한다.

수경재배기는 베란다의 통풍이 잘 되는 양지~반그늘 아래에 배치한다.

아름다운 경관을 실내로

붓꽃과 꽃창포 수경재배

붓꽃과 여러해살이풀 *Commelina communis* 꽃 5~6월 높이 60cm

붓꽃은 전국의 산비탈 언덕의 건조한 풀밭에서 자란다. 보통 언덕 위 묘지 부근의 자연 상태의 풀밭에서 종종 출현한다.

붓꽃의 잎은 직립으로 자라고 선형이다. 잎의 길이는 50cm 내외, 주맥은 흐릿하고 밑부분은 엽초처럼 생겼고 붉은빛이 돈다.

꽃은 5~6월에 원줄기 끝에 2~3개씩 달린다. 꽃의 지름은 8cm 내외, 꽃의 색상은 자주색, 안쪽에 호랑 무늬처럼 황색 바탕에 자색 줄이 있다. 꽃 안쪽 무늬가 호랑 무늬가 아닌 그냥 노란색이면 꽃창포 종류이다.

열매는 6~7월부터 출현하며 양쪽이 뾰족한 술병 모양이고 성숙하면 꼬투리처럼 표피가 터지면서 열매 안의 종자가 노출된다.

원예 특징

가을에 종자를 채취한 뒤 바로 파종하면 이듬해 봄에 싹이 올라온다. 이것을 7~8월경에 원하는 곳에 이식한다.
물을 좋아하는 꽃창포는 실내에 수로처럼 생긴 수경 시설을 만든 뒤 그 곳에 설치해도 나름 괜찮은 경관이 나온다.

화초 특징

붓꽃류는 여러 품종이 있고 이 중 부채붓꽃과 대청붓꽃은 멸종위기종이다. 따라서 붓꽃은 야생에서 채취하기보다는 원예상가에서 육종한 붓꽃이나 꽃창포를 구입하길 권한다. 꽃창포는 대부분 얕은 물에서 잘 자란다. 가정에서 키울 때는 반수경재배를 권장한다.

붓꽃 수경재배 가이드

100% 수경(수생)재배를 하려면 부채붓꽃과 제비붓꽃이 좋다. 꽃창포는 수생재배 환경보다 물이 적은 습윤한 환경이 적합하다. 양지바른 풀밭에서 볼 수 있는 일반적인 붓꽃은 건조한 환경에서 자라는 식물이기 때문에 수경재배 생명력은 짧지만 줄기와 잎이 강건하기 때문에 한 달 정도 관상할 수 있다. 만일 장기간 수경재배하려면 부채붓꽃과 제비붓꽃이 좋고 반수경으로 재배한다.

원하는 붓꽃 종류를 채취하거나 구입한다. 야생에서 채취할 때는 밑둥이 잘 부러지므로 뿌리 부근의 흙을 모종삽으로 전부 파낸 뒤 채취한다. 가급적 봄에 원예도매상가에서 구매하는 것이 좋다.

뿌리가 마르지 않도록 신문지로 포장한 뒤 집으로 가져온다. 대야에 물을 채워 뿌리만 잠기도록 담근 후 반나절 정도 둔다. 그 뒤 흔들어서 흙을 제거하고 샤워기로 세척하면서 잔여 흙을 제거한다.

주둥이가 좁은 수경 용기에 식물체를 설치한 뒤 식물이 기울어지지 않도록 중심을 잡아준다. 하루에 한 번 물을 갈아주면서 일주일 동안 키운 뒤 황토볼을 이용한 반수경재배기로 옮긴다.

붓꽃이나 꽃창포는 담액식에서 흙을 넣어 재배할 수 있다. 넓은 수경 용기에 마사토와 부엽토를 깔고 그 곳에 부채붓꽃이나 꽃창포를 설치한 후 연못처럼 물을 얇게 채우거나 연못에 수경 용기를 담근다.

수경재배기는 햇볕이 잘 들어오는 창가에 배치한다.

모히토 칵테일의 핵심

애플민트 & 스피아민트

꿀풀과 한해살이풀 *Mentha suaveolens* 꽃 7~8월 높이 1m

꿀풀과의 박하 향이 나는 식물 중 사과 향이 나는 식물이라는 뜻에서 애플(사과) 민트(박하)라는 이름이 붙었다. 원산지는 남서 유럽을 포함한 지중해 일원이다. 가정에서는 요리 허브나 약용 허브로 사용한다.

애플민트는 정원이나 화단에 흔히 심는다. 만일 요리용으로 주방에서 키울 때는 애플민트가 아닌 스피어민트를 키운다.

애플민트의 줄기는 높이 40~100cm로 자란다. 어긋난 잎은 타원상직사각 형태이고 가장자리에 톱니가 있으며 잔털이 산재해 있다. 꽃은 늦여름에 개화하고 4~9cm 길이의 촛대 모양 꽃차례에 자잘한 꽃들이 모여 달린다.

민트류는 특성상 수경재배가 용이하기 때문에 주방의 창가에서 키우면서 필요할 때마다 잎을 수확해 사용할 수 있다. 주방에서 수경재배 식물을 키울 때는 날벌레가 생기지 않도록 아래쪽을 망사 등으로 덮는 것도 좋은 방법이다.

민트 허브의 뿌리는 잔뿌리가 많으므로 일주일 동안은 매일 물을 갈아주면서 잔여 흙을 잘 제거해야 한다. 또한 잔여물을 제거할 때는 뿌리가 손상되지 않도록 주의한다. 식물도 어떤 부분에서 손상이 발생하면 병이 나고 생존에 문제가 발생할 수 있기 때문이다.

애플민트의 잎은 요리용으로 사용한다. 흔하게는 모히토 칵테일의 재료로서 차가운 음료를 장식하는 방식으로 사용하지만 애플민트 젤리, 쿠스쿠스, 가니쉬, 디저트 요리 등에 사용한다. 또한 싱싱한 잎을 각종 샐러드의 향미를 돋우기 위해 넣을 수 있다.

원예 특징

정원에서는 풀밭에 심거나 지피식물로 심는다. 가정집에서는 화단이나 화분에 심을 수 있다. 비교적 생명력이 강하고 성장 속도가 빠르다. 양지바른 곳은 물론 가벼운 그늘에서도 양호하게 성장한다. 번식은 종자, 분주, 꺾꽂이 등 다양한 방식으로 할 수 있다.

애플민트 & 스피아민트 수경재배 가이드

각종 민트류 식물은 수경 재배가 잘 되는 식물이다. 민트류 중에서 특히 수경재배가 잘 되는 품종은 스피어민트와 페퍼민트 종류이다. 꺾꽂이로도 잔뿌리가 잘 내리는 편이다. 민트류의 종자 발아 적온은 15~20도이고 통상 2주일 내에 발아하므로 종자로 모종을 육종한 후 수경재배할 수도 있다.

봄에 꽃집에서 원하는 민트 품종을 구입한다. 스피어민트, 애플민트, 페퍼민트 등을 구입하면 된다.

대야에 물을 채워 뿌리만 잠기도록 담근 후 그늘에 반나절 정도 둔다. 그 뒤 흔들어서 뿌리의 흙을 제거하고 뿌리를 샤워기로 조심스럽게 세척한다.

주둥이가 넓은 수경 용기에 식물체를 설치한 뒤 뿌리의 70~80%가 물에 잠기도록 물이나 양액을 채운다. 1~2일 간격으로 물을 갈아준다.

꺾꽂이로도 번식할 수 있다. 이 경우 줄기 상단을 12~15cm로 잘라 준비한 뒤 밑 부분 잎은 떼어내고 꽃병 같은 주둥이가 좁은 수경 용기에 담근다. 민트류를 장기간 재배하려면 자동 수경재배기에서 재배하는 것이 좋은데 아주 잘 자란다.

수경 재배하는 민트류는 하루에 햇볕이 6시간 이상 들어오는 창가에 배치한다. 겨울에는 추위에 동사하지 않도록 창가에서 13~15도 이상의 실내로 이동시킨다.

그리스 전설의 마라톤 평원을 뒤덮었던 식물

휀넬(회향)

산형과 두해살이풀 *Foeniculum vulgare* 꽃 6~8월 높이 2m

휀넬은 한자로 '회향'이라고 불리는 허브 식물이다. 역사적으로 유명한 전투인 그리스의 마라톤 전투는 마라톤 평원에서 펼쳐졌는데 그 평원에는 휀넬들이 많이 자랐다. 이 전투에서 승리하자 페이딥피데스(Pheidippides)라는 병사가 전장에서 아테네까지의 150마일을 쉬지 않고 달려 그리스군의 승전보를 전하다가 그만 절명했다. 그것을 기리기 위해 탄생한 운동이 오늘날의 마라톤 경기라고 한다.

휀넬의 잎은 3~4회 우상으로 갈라지고 잎 조각은 선 모양이다. 꽃은 6~8월에 줄기 끝에 큰 겹우산모양꽃차례로 자잘한 황색 꽃들이 달린다. 열매는 8~10월에 성숙하고 독특한 향이 있다. 한방에서는 이 열매를 회향이라고 부르며 약용하고 뿌리도 약용하는데 한산(寒疝)이나 위통, 복통, 냉통, 관절통 같은 통증에 사용한다.

휀넬은 역사적으로 볼 때 고대 때부터 재배한 것으로 보인다. 그리스신화에는 프로메테우스가 태양의 불을 지상으로 훔쳐올 때 휀넬 줄기에 불을 붙여서 가져왔다고 쓰여 있다. 휀넬의 뿌리와 열매는 약용이나 향신료로 사용한다. 주방에서는 차, 카레, 빵, 피클, 술에 넣기도 하고 생선 비린내를 제거할 때도 좋다.

원예 특징

반그늘 밑의 사질 양토에서 잘 자란다. 도시 조경에서는 일반적으로 큰 나무 밑의 풀밭 한쪽에 군식으로 심는 액센트 야생화로 인기가 있다. 번식은 일반적으로 종자 번식을 많이 하며, 밭에 직접 파종한 경우에는 이식률이 나쁜 편이다. 묘상에 파종한 경우에는 모종으로 육종한 뒤 화단이나 수경 용기로 이식한다.

휀넬 수경재배 가이드

휀넬의 모종을 준비하되 보통 10cm 이상 자란 상태이면 수경재배 시스템이나 수경재배 용기에 이식할 수 있다. 모종을 못 구할 경우 봄에 종자를 묘상이나 화분에 파종하는데 보통은 2주 뒤에 발아를 한다. 60% 이상의 발아율을 보이기 때문에 휀넬 모종은 가정에서도 쉽게 만들 수 있다.

봄에 꽃집에서 휀넬 종자나 모종을 구입한다. 종자를 종이타월에 파종한 경우 이식률이 나쁘므로 싹이 올라오면 이식하지 않고 그대로 키운다. 1~2포기의 모종만 채취해 수경용으로 준비한다.

꽃집에서 모종을 구입한 경우 대야에 물을 채워 뿌리만 잠기도록 담근 후 반나절 정도 둔다. 그 뒤에 흔들어서 뿌리의 흙을 제거하고 뿌리의 잔여 흙을 샤워기로 세척한다.

입구가 중간 정도인 수경 용기에 식물체를 설치한 뒤 뿌리의 70~80%가 물에 잠기도록 물을 채운다. 수경 용기의 주둥이가 아주 좁으면 나중에 뿌리가 전구(양파 모양 뿌리) 형태로 크게 자랄 때 꺼낼 수 없으므로 주의한다.

휀넬은 높이 2m까지 성장하기 때문에 성장하는 상황에 맞게 양동이 같은 대형 수경 용기나 반수경재배로 전환한다.

수경 재배하는 회향은 하루에 6시간 이상, 보통은 10시간 정도 햇빛이 들어오는 남향 창가에 배치한다. 겨울에는 추위에 죽지 않도록 외풍이 없는 장소로 옮긴다.

Part 4

공기정화 식물 수경재배

지혈, 산후출혈에 약용한

관음죽

종려과 상록활엽관목 *Rhapis excelsa* 꽃 3~4월 높이 4m

관음죽은 남중국과 대만 등에서 볼 수 있는 대잎 모양의 잎을 가진 야자나무의 한 종류이다. 현재의 관음죽은 대부분 재배종이고 정확한 원산지는 알려지지 않았다. 중국산 재배종이 근대시대에 일본에 전래된 후 당시 일본과 교류했던 상인들에 의해 서양에도 알려졌다.

관음죽은 높이 4m로 자라지만 국내의 실내 환경에서는 보통 2m 높이까지 자란다, 잎은 부채꼴 모양이며 길이는 30~40cm이고 갈라진 잎의 폭은 4~10cm다.

관음죽은 햇빛~반그늘에서도 자랄 수 있지만 보통은 밝은 그늘에서 키우는 것이 좋다. 직사광선이 강하면 잎이 타들어가므로 창옆 밝은 장소가 적합하고 여름 직사광선은 차광한다. 생육 적정 온도는 겨울 최저 13도, 여름 최고 30도 이하가 좋다. 통상 20도 전후 환경에서 잘 번성한다. 겨울에는 최저 0도까지 견디지만 그 이하에서는 관음죽이 동사할 수 있으므로 최저 5도는 유지해야 한다.

화초 특징

중국에서는 관음죽의 잎과 뿌리를 약용한다. 잎은 특히 지혈에 효능이 있어 각종 출혈 증세, 산후출혈에 사용한다. 뿌리는 지혈 효능 외에도 타박상 및 류머티즘 마비통에 효능이 있다.

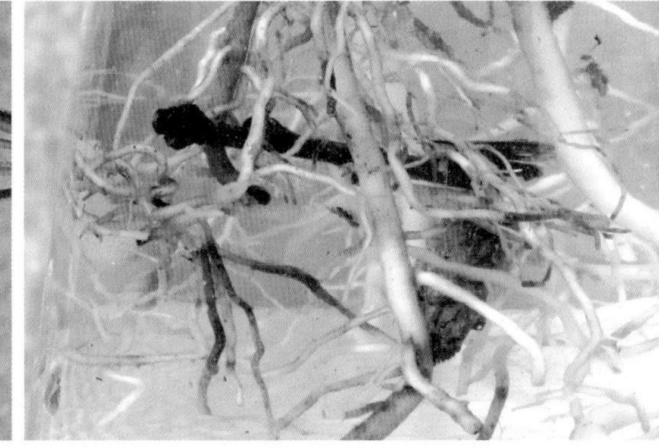

관음죽 수경재배 가이드

관음죽의 종자 발아율은 80%이다. 파종 전에 종자를 30~35도 온수에 2일 동안 침지시키면 나중에 발아가 잘 된다. 모판에 파종한 뒤 관리하면 통상 1~2개월 후 발아한다. 모종은 잎의 길이가 8~10cm로 자랄 때까지 육종한 뒤 화분이나 수경재배기에 이식한다.

연중 필요할 때 꽃집에서 관음죽 모종을 구입하되 봄에 쉽게 구할 수 있다. 또는 종자를 구해서 발아시킨 후 모종으로 키운다.

꽃집을 통해 모종을 준비한 경우 대야에 물을 채워 모종의 뿌리만 두 시간 정도 담근다. 그 뒤 흔들어서 흙을 제거한 뒤 뿌리가 손상되지 않도록 샤워기로 깨끗하게 세척한다.

관상용의 경우 주둥이가 좁은 수경 용기에 모종을 설치한 뒤 뿌리의 70~80%가 잠기도록 물을 채워 첫 일주일은 1~2일에 한 번 물을 교체한다. 물 주는 것을 까먹으면 1개월 내 고사할 수도 있다.

공기정화 식물 중 목본류 출신은 반수경재배에 알맞다. 수경 용기에 관음죽을 먼저 설치한 뒤 황토볼 또는 LECA 황토볼을 뿌리 위까지 넣고 물은 황토볼 높이까지 채운다.

관음죽 재배는 공기정화가 목적이므로 수경재배를 거실 창가나 침실 창가의 밝은 곳에 배치한다. 3개월 동안 햇빛에 노출시키지 않아도 성장할 수 있지만 보통 일주일에 한 번은 서늘한 시간에 햇빛에 노출시킨다. 여름 직사광선에는 잎이 타들어가므로 여름 직사광선은 차광한다.

행운의 대나무

개운죽(Sander's dracaena)

백합과 여러해살이풀 *Dracaena braunii* 꽃 드물게 개화 높이 1.5m

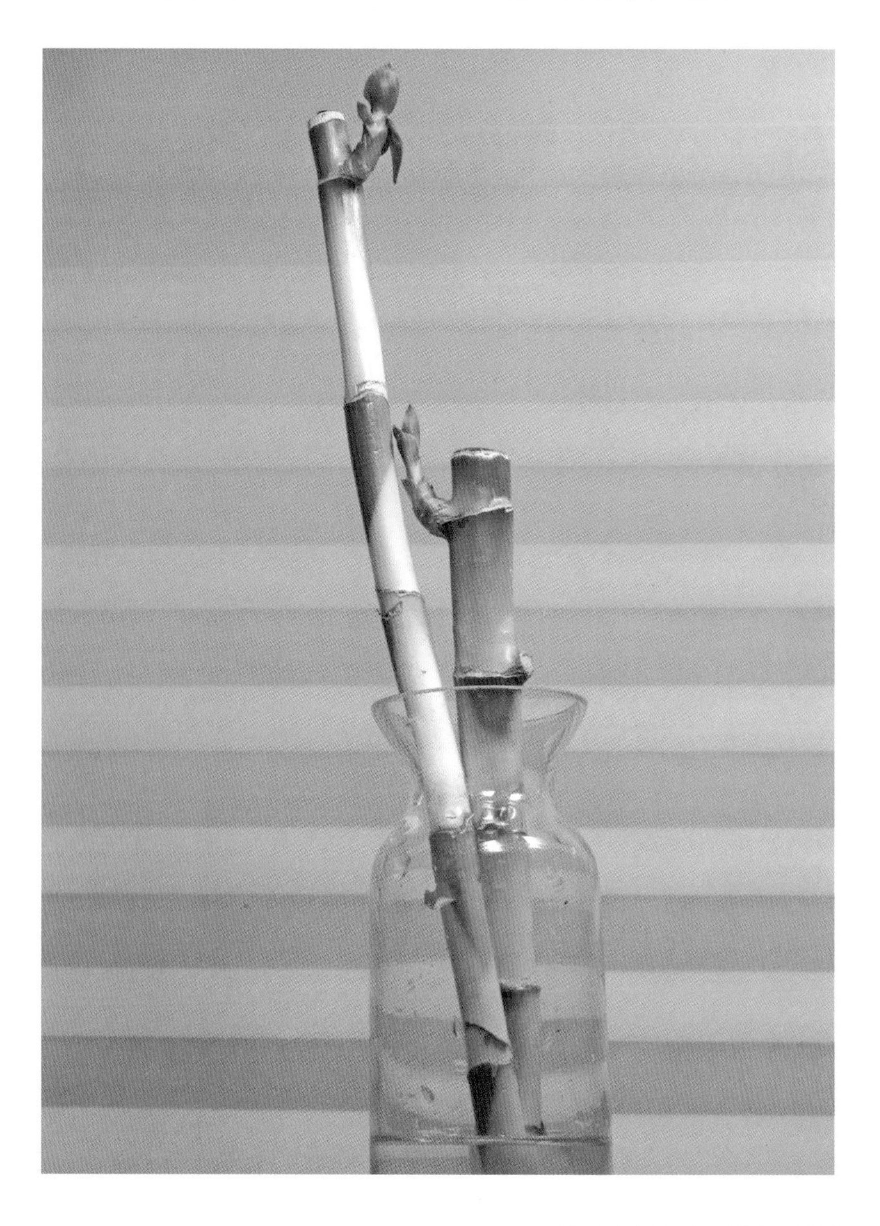

'행운의 대나무'라는 명칭으로 판매되는 개운죽은 중앙 아프리카 열대지방이 원산지이고 식물원 온실에서 볼 수 있는 '드라세나 산데리아나'와 같은 품종이다. 흔히들 공기정화 식물로 키우거나 컴퓨터에서 발생하는 전자파·방사선을 흡수할 목적으로 책상 위에서 키운다.

개운죽은 높이 1.5m로 자라고 잎 길이는 9cm, 약간 뒤틀려 있다. 잎의 색상은 연한 녹색~진한 녹색이고 잎에 노란색 줄무늬가 있는 품종이 있다.

개운죽은 직사광선을 피해 창가의 밝은 쪽에서 재배하되 실내의 그늘, 주방, 욕실, 물고기 어항에 꽂아두어도 잘 자란다. 개운죽을 그늘에서 키울 때도 약간은 통풍이 되는 장소에서 키우는 것이 좋다.

개운죽의 생장 적정 온도는 15~22도이고 겨울 최저 온도는 5~13도이다. 번식은 줄기에서 눈이 있는 쪽, 즉 싹이 있는 쪽 위의 마디와 마디 사이의 중앙부를 자른 뒤 물에 꽂으면 된다. 이후 아래쪽 줄기의 자른 부분(통상 줄기 윗면)은 초를 녹여서 막아주면 흡수한 물이 줄기 속에 저장되므로 개운죽이 계속 물을 흡수하는 것을 방비할 수 있다.

개운죽 수경재배 가이드

개운죽은 가정집에서도 아무런 시설 없이 물병에만 꽂아두어도 잘 자란다. 물을 채워주기만 하면 잘 자라지만 결국은 1년을 넘기기 힘드므로 1년 이상 재배하려면 수경재배시 물을 채우더라도 개운죽이 물을 적게 흡수할 방법을 찾아야 한다.

연중 필요할 때 꽃집에서 개운죽 모종을 구입하되 봄에 쉽게 구할 수 있다.

꽃집을 통해 모종을 구입한 경우 바로 수경재배를 준비할 수 있다. 수경재배시 물이 계속 많이 흡수되지 않도록 황토볼 등을 준비한다.

관상용의 경우 주둥이가 좁은 수경 용기에 개운죽을 꽂은 뒤 황토볼을 흙처럼 넣어주고 개운죽의 아래로 20~30%가 잠기도록 물을 채운다. 황토볼이 말라가면 새 물을 관수하되 물 공급을 까먹으면 개운죽이 고사하므로 주의한다.

담액식 재배기에서도 재배를 할 수 있다. 양액 대신 보통의 물을 사용해 재배해도 무방하다. 흙 대신 황토볼을 흙처럼 넣어서 개운죽이 흡수하는 물의 양을 줄여준다.

공기정화를 목적으로 할 경우 개운죽 수경재배기를 실내의 밝은 그늘에 배치하되 창문에서 먼 그늘에서도 성장이 양호하다. 직사광선에서는 잎이 황변하므로 빛을 차광한다. 컴퓨터나 전자부품 등에서 발산하는 방사선을 제거하려면 그 근처에 개운죽을 배치한다.

책상 위에 놓아 보자
스킨답서스

천남성과 상록덩굴식물 *Epipremnum aureum* 꽃 드물게 개화 높이 20m

스킨답서스는 프랑스령 폴리네시아 제도의 모오레아섬에서 발견된 뒤 1,880년에 포토스(Pothos aureus)라는 학명이 붙었는데 이는 잘못된 분류였기 때문에 약 100년 뒤인 1960년대에 학명이 Epipremnum aureum으로 변경되었다. 이로 인해 스킨답서스는 옛 이름인 포토스라는 이름으로도 알려져 있다.

스킨답서스의 자생지는 정확하지 않지만 현재는 태평양제도에서 호주, 인도를 포함한 남아시아 열대와 아열대 정글에서 흔히 자라고 있다. 번식력이 왕성하기 때문에 지역에 따라 경작지를 침략하는 잡초로 취급하기도 한다.

줄기는 덩굴처럼 자란다. 길이는 최고 20m까지 자라고 공중뿌리가 발달해 다른 물체를 감아 오르고 번식력도 왕성하다. 꽃은 불염포에 쌓여 있고 천남성과의 일반적인 꽃들과 비슷한 모양이다. 잎 모양은 기본적으로 하트 모양이지만 다양한 변이가 있고 잎 표면에서 볼 수 있는 반점도 다양한 형태로 나타난다.

참고로 스킨답서스에는 개나 고양이에게는 독이 되는 성분이 함유되어 있으므로 애완동물을 키우는 가정에서는 실내 바닥이 아닌 책상 위 등에서 재배해야 한다.

스킨답서스 수경재배 가이드

스킨답서스의 재배 적온은 17~30도이고 20~30도에서는 생장 속도가 빨라진다. 직사광선에서는 잎이 타들어가므로 반그늘에서 재배한다. 번식은 꺾꽂이로 한다.

꽃집에서 스킨답서스 모종을 구할 수 있다. 모종을 여러 포기로 나누어도 된다. 꺾꽂이 번식은 잎자루 하단 분기점에서 분기점의 밑둥을 포함해 잘라서 물에 꽂으면 된다. 잎이 포함된 잎자루 10개 이상을 물에 꽂고 뿌리를 내린 것을 수경한다. 뿌리는 한 달 뒤 내려온다.

꽃집을 통해 모종을 구입하면 바로 수경재배를 준비할 수 있다. 모종의 뿌리만 두 시간 물에 담근다. 그 뒤 흔들어서 흙을 제거한 뒤 뿌리가 손상되지 않도록 샤워기로 깨끗히 세척한다. 잎이 물에 잠기면 썩게 되므로 이 점만 주의한다.

관상용의 경우 입구가 넓은 수경 용기에 스킨답서스를 설치한 뒤 뿌리의 70~100%가 잠기도록 물을 채운다. 첫 주에는 물을 매일 갈아주고 그 뒤부터는 3~4일에 한 번 갈아준다. 비료는 한 달에 한 번 액체비료를 몇 방울 떨어트린다.

자동 수경재배기에서 양액 대신 물로 재배할 수 있다. 5~10포기를 자동 수경재배기에 설치한다. 또는 황토볼을 이용한 반수경재배를 하면 더 좋다.

스킨답서스는 침실 같은 공기 정화가 필요한 방의 창가 옆 반그늘에 배치하되 약간 통풍이 되면 좋다. 직사광선에서는 녹조가 발생하므로 주의하고 녹조가 발생하면 수경 용기를 깨끗이 청소한다.

화살촉처럼 생긴 잎이 인기만점

싱고니움

택사과 덩굴식물 *Syngonium podophyllum* 꽃 드물게 개화 높이 1.5m

중남미 열대지역이 원산지인 싱고니움을 아프리카는 물론 하와이, 인도 열대지역에 폭넓게 전파되었다.

싱고니움은 원래 높이 30cm로 자라는 지피식물이지만 생장 조건이 좋으면 높이 1.5m까지 자란다. 잎은 화살촉 모양이고 잎자루를 포함해 길이 30cm이다. 정글에서 볼 수 있는 자연산 싱고니움은 잎의 색상이 녹색이지만 원예종은 녹색 바탕에 크림색이나 흰색 반점이 있고 때때로 잎 전체가 흰색이나 노란색인 품종도 있다. 자연산 싱고니움은 꽃이 피지만 실내에서 키우는 싱고니움은 꽃을 거의 볼 수 없다.

싱고니움의 재배 적온은 15~24도이고 추위는 물론 고온에도 약하다. 직사광선에서는 잎이 타들어가므로 반그늘에서 재배한다. 번식은 포기나누기와 꺾꽂이로 하는데 18도 온도에서 특히 뿌리를 잘 내린다.

싱고니움은 식물체의 수액이나 점액질에 독성 성분인 옥살산과 속정(Raphide)이 있으므로 수경재배나 꺾꽂이를 할 때 장갑과 안경을 끼고 작업한다. 옥살산 성분은 섭취시 입에 통증을 유발하고 속정이 있는 점액질은 눈에 닿으면 시력을 손상시킬 수 있다.

싱고니움 수경재배 가이드

싱고니움의 번식은 포기나누기 번식이 좋다. 한 포기를 여러 포기로 갈라 심으면 되는데 나누어진 포기마다 잎이 붙어 있으면 된다. 또는 잎이 붙어 있는 마디 중 1가닥 이상의 뿌리가 내린 마디를 5cm 길이로 자른 뒤 잎자루 위의 잎 부분만 제거하고 잎자루를 위로 해서 10개 이상을 물꽂이하되 그 중 튼튼한 것을 골라서 재배한다.

꽃집에서 모종을 구입하되 봄에 쉽게 구할 수 있다.

꽃집을 통해 모종을 구입한 경우 모종의 뿌리만 두 시간 물에 담근다. 그 뒤 흔들어서 흙을 제거한 뒤 뿌리가 손상되지 않도록 샤워기로 세척한다. 싱고니움 역시 잎이 물에 잠기면 썩게 되므로 수경재배시 주의한다.

관상용의 경우 입구가 넓은 수경 용기에 싱고니움을 설치한 뒤 뿌리의 70~100%가 잠기도록 물을 채운다. 첫 주에는 물을 매일 갈아주고 그 뒤부터는 3~4일에 한 번 물을 갈아준다.

싱고니움은 물 관리가 어렵기 때문에 자동 수경재배기에서 물로 재배하는 것이 더 좋다. 또는 황토볼을 이용한 반수경재배가 더 생존기간을 늘릴 수 있다.

수경재배기는 공기 정화가 필요한 방의 창가 옆에 배치하되, 잎 색상이 흰색이 많으면 밝은 쪽에, 녹색이 많으면 그늘에 배치하고, 여름에는 해가 닿지 않도록 안쪽에, 겨울에는 해가 닿도록 창가에 배치한다.

요리해서 먹을 수 있는

대국도(아비스)

꼬리고사리과 상록여러해살이풀 *Asplenium nidus* 꽃 없음 높이 1.5m

대국도는 '아비스'라고도 하며 국내의 유사종은 제주도에서 자생하는 '파초일엽'이 있다.

원산지는 인도, 동남아시아, 호주, 하와이, 동아프리카 열대지역이다. 잎이 올라온 모습이 새의 둥지를 닮았다 하여 외국에서는 '둥지고사리'라고도 부른다.

잎은 바나나 잎처럼 생겼고 생장 조건이 좋으면 길이 150cm, 너비 20cm로 자라지만 가정집에서 키우는 원예종은 잎 길이가 30cm 내외로 자란다.

대국도가 자라는 동남아시아의 몇몇 나라는 대국도를 천식, 쇠약증, 피부염, 진통제로 사용한다. 동남아시아의 일부 나라는 대국도의 어린 잎을 차로 우려마시는데 쇠약증에 좋다고 한다. 대만에서는 대국도의 어린 잎과 멸치, 피망, 마늘을 볶은 '산소(山蘇)'라는 향토 요리가 있다.

대국도(아비스) 수경재배 가이드

실내에서 키우면 독특한 분위기가 있는 고사리과 식물 대국도는 열대지역이 원산이므로 겨울에는 10도 이상을 유지하되 최소 5도 이상이 되는 것이 좋다. 대국도의 생육 적온은 16~24도이고 생장 속도는 느린 편이다.

● ● ●

꽃집에서 모종을 구입하되 봄에 쉽게 구할 수 있다. 번식은 포기나누기로 할 수 있다. 대국도 역시 잎이 물에 장시간 잠기면 빠르게 썩게 되므로 수경재배시 주의한다.

꽃집을 통해 모종을 준비한 경우 대야에 물을 채워 모종의 뿌리만 하루 정도 물에 담근다. 그 뒤 흔들어서 흙을 제거한 뒤 뿌리가 손상되지 않도록 샤워기로 깨끗하게 세척한다.

주둥이가 넓고 낮은 수경 용기에 대국도를 설치한 뒤 뿌리의 80%가 잠기도록 물을 채운다. 첫 주에는 물을 매일 갈아주고 나중에는 물을 일주일에 한 번 갈아준다. 물이끼가 끼면 자주 청소를 해준다.

대국도는 담액식이나 자동 수경재배기에서도 재배할 수 있다. 또한 반수경재배를 할 수도 있다.

대국도 수경재배기는 거실이나 침실 등의 공기정화가 필요한 방의 창가 옆에 배치하되 직사광선은 피한다. 대극도는 반그늘이 생장에 좋은 조건이고 조명만 있는 그늘에서도 잘 자란다. 일반적으로 북향 창가에 두면 된다.

숙취해소에 좋은 아스파라긴산의 원조 식물

아스파라거스

백합과 여러해살이풀 *Asparagus officinalis* 꽃 5~6월 높이 1.5m

유럽, 지중해, 남아시아가 원산인 아스파라거스는 이른봄에 올라오는 줄기를 식용하는 식물로 유명한데 이 줄기는 각종 볶음 요리에 넣어 먹거나 샐러드, 수프로 먹을 수 있다.

국내에는 '비짜루'와 '천문동'이 아스파라거스의 유사종이다.

아스파라거스의 주요 효능은 숙취해소과 피로회복에 있다. 콩나물에 함유된 유명한 아스파라긴산은 원래 아스파라거스에서 맨 처음 발견된 성분이고 콩나물보다 5배 이상 함유되어 있다.

아스파라거스는 암수딴그루이므로 열매의 결실을 맺으려면 암수를 같이 재배해야 하는데 종자로는 구분이 안 되므로 일단 예정보다 두 배의 종자를 파종한다. 외형적으로 키가 크고 줄기가 적은 것은 암그루, 키가 작고 줄기와 잎이 밀생하는 것은 수그루이다. 수그루는 노지에서 처음 재배할 때는 2년차에 땅에서 올라오는 어린줄기(어린순)를 수확할 수 있는데 그 후 10~20년은 알아서 싹이 나 잘 자라고 수확량도 많아진다. 어린 줄기 수확은 수그루에서 30% 이상 수율이 높기 때문에 아스파라거스 농사꾼들은 암그루를 최소한만 남기고 뽑아낸 뒤 수그루 위주로 재배한다.

아스파라거스 수경재배 가이드

종자의 발아 적온은 25~30도이고 1~2주 뒤에 발아한다. 발아 후에는 2~3개월 동안 육묘한 뒤 수경재배기나 노지로 이식한다. 육묘 기간이 길기 때문에 모종을 구입해 수경재배하는 것이 좋다. 노지 재배는 아스파라거스 종근을 통째로 땅 속에 묻어서 번식하기도 하는데 이 번식법이 오히려 더 편리하다.

봄에 꽃집이나 원예도매상가에서 아스파라거스 모종을 구입한다.

모종을 준비한 경우 대야에 물을 채워 모종의 뿌리만 반나절 정도 담근다. 그 뒤 흔들어서 흙을 제거한 뒤 뿌리가 손상되지 않도록 샤워기로 세척하면서 잔여 흙을 제거한다.

관상용의 경우 주둥이가 좁은 큰 수경 용기에 아스파라거스를 꽂은 뒤 뿌리의 80%가 잠기도록 물을 채운다. 물은 매일 갈아주고 일주일 뒤 반수경재배기로 옮긴다.

대량 재배는 반수경재배기나 자동 수경재배기에서 재배하는 더 좋다. 자동 수경재배시에는 펄라이트를 넣고 아스파라거스 모종을 고정해 준다. 물의 급수 간격이나 양액 농도는 생장 상태를 봐가며 조절해 준다.

공기정화를 목적으로 할 경우 아스파라거스 수경재배기를 실내의 반차광 베란다~밝은 그늘에 배치한다. 창문에서 먼 그늘에서는 생장이 불량하니 주의한다.

행운을 가져오는 공기정화 식물

아글라오네마 '스노우 사파이어'

천남성과 상록여러해살이풀 *Aglaonema spp.* 꽃 드물게 개화 높이 30cm

아글라오네마는 동남아시아와 뉴기니의 열대지역 원산이다.

이 관엽식물은 동남아시아와 중국 남부에서 일찍부터 키운 식물이므로 유럽에는 'Chinese evergreens'이란 이름으로 알려졌다.

몇백 년 전에야 유럽에 보급된 아글라오네마는 원예업자들을 통해 선풍적인 인기를 얻으면서 상업 재배도 중국이 아닌 유럽에서 먼저 시작하였다. 1970년대에는 미국 시장에도 상륙하여 인테리어 장식품을 겸할 수 있는 식물로 유명세를 타면서 폭발적인 인기를 얻었다.

아글라오네마 속의 관엽식물은 크게 30여 종이 있고 여기서 파생된 수많은 개량종이 있는데 스노우 사파이어(스노우 화이트)는 그 개량종의 하나이다.

아글라오네마 속 관엽식물의 크기는 보통 30cm 정도이다. 공기정화 식물로 알려지면서 국내에서도 많은 인기를 얻고 있다.

참고로 아글라오네마 속 식물들은 수경재배가 잘 되는 식물이며 오히려 물을 제때 공급하지 못해 고사할 때가 있으므로 이 점을 주의한다.

스노우 사파이어 수경재배 가이드

아글라오네마 스노우 종류의 재배 적온은 16~32도이다. 양지보다는 실내의 반그늘~그늘을 좋아하고 햇빛 없는 환경에서도 약간의 조명만 제공되면 양호한 성장을 보여준다. 수경재배시 줄기, 잎자루, 잎이 물 속에 장기간 침수되지 않도록 주의한다.

원예도매상가에서 스노우 사파이어(스노우 화이트)를 구입하되 연중 쉽게 구할 수 있다. 봄에는 모종을, 다른 철에는 모종이 아니더라도 구입해서 준비한다.

모종을 준비한 경우 대야에 물을 채워 모종의 뿌리만 몇 시간 정도 정도 담근다. 그 뒤 흔들어서 흙을 제거한 뒤 뿌리가 손상되지 않도록 샤워기로 뿌리의 잔여물을 제거한다.

관상용의 경우 입구가 넓은 수경 용기에 설치한다. 뿌리가 들쑥날쑥하기 때문에 중심을 잡지 못하고 쓰러지는 경우가 많으므로 주의한다. 물은 뿌리의 70~80%가 잠기도록 채운다. 처음 일주일은 매일 물을 교체하다가 2주째에는 반수경재배로 전환한다.

아글라오네마 속 식물은 반수경재배기나 자동 수경재배기에서 재배하는 것이 더 좋다. 양액 대신 보통의 물을 사용해 재배해도 무방하지만 한 달 중 절반은 양액으로 재배해 발육 상태를 촉진시켜 준다.

수경재배기는 공기정화가 필요한 실내의 반차광 베란다~밝은 그늘에 배치하되 창문에서 떨어져 있는 그늘에서도 성장이 양호하다.

관엽식물로 인기 있는

디펜바키아 '마리안느'

천남성과 상록여러해살이풀 *Dieffenbachia spp* 꽃 드물게 핌 높이 30cm

디펜바키아는 중남미 열대지역이 원산지이다. 자연계에서 발견된 유사종은 대략 60여 품종이고 수많은 다양한 개량종이 있어 잎 모양은 물론 잎의 색상, 무늬, 크기도 천차만별이다. 예전부터 실내에서 키우는 식물로 인기가 있었는데 공기정화 기능이 탁월하다고 알려지면서 더 큰 인기를 끌고 있다.

개량종의 하나인 디펜바키아 마리안느의 크기는 30cm 전후인데 큰 바구니에 담을 수 있는 정도의 크기라고 할 수 있으므로 가정에서는 테이블, 책상, 컨테이너, 걸이분으로 키울 수 있어 어느 장소에나 잘 어울린다. 국내 식물원에서는 온실 안의 지피식물로 이 식물을 심는 경우가 많다.

마리안느의 잎 색상은 녹색 바탕에 흰색이나 크림색 무늬가 있다. 디펜바키아 종류는 일반적으로 식물체의 수액에 독성이 있어 접촉 시 알레르기 따위를 유발한다. 이식이나 수경재배를 할 때도 장갑을 끼고 다루어야 하고, 애완동물이 잎을 먹지 않도록 주의해야 한다.

번식은 잎이 붙은 상태로 꺾꽂이로 준비한 뒤 물에 담그면 뿌리를 내린다.

디펜바키아 '마리안느' 수경재배 가이드

생육 적온은 20~25도이고 최저 온도는 13도이다. 실내의 반그늘~그늘을 좋아하고 햇빛 없는 환경에서도 약간의 조명만 제공하면 양호한 성장을 보여준다. 수분을 좋아하지만 과다 공급되면 고사할 수도 있으므로 황토볼을 사용해 반수경재배를 해 본다.

원예도매상가에서 디펜바키아 마리안느를 구입한다. 봄에는 모종을, 다른 철에는 모종이 아니더라도 구입해서 준비한다.

대야에 물을 채워 모종의 뿌리만 몇 시간 정도 담근다. 그 뒤 흔들어서 흙을 제거한 뒤 뿌리가 손상되지 않도록 샤워기로 깨끗하게 세척한다. 이때 잎이나 잎자루가 물에 장시간 닿지 않도록 주의한다.

준비한 모종을 주둥이가 좁은 수경 용기에 설치한다. 물은 뿌리의 80%가 잠기도록 채운다. 처음 일주일은 하루 간격으로 물을 교체한 뒤 나중에는 10~30일 간격으로 수면이 낮아지면 교체해 준다. 마리안느는 줄기, 잎자루, 잎을 물 속에 오랫동안 방치하면 뚝뚝 떨어지면서 금방 부패하므로 주의한다. 상태가 악화되면 황토볼을 넣은 용기로 이식한 뒤 반수경재배를 한다.

이 식물은 황토볼을 이용한 반수경재배법이 좋지만, 자동 수경재배기에서 재배하는 것도 좋다. 양액 대신 물을 사용해 재배하고 필요한 경우 액체비료를 조금 공급해 준다.

공기정화가 필요한 실내의 반차광 베란다~밝은 그늘에 수경 용기를 배치한다. 창문에서 떨어져 있는 그늘에서의 성장도 양호하다.

거북이 등딱지 같은 식물

알로카시아 아마조니카(거북알로카시아)

천남성과 상록여러해살이풀 *Alocaisa amazonica* 꽃 드물게 개화 높이 60cm

동남아시아 열대지방인 인도네시아, 남중국, 뉴기니, 말레이시아, 보르네오, 태평양 제도 및 호주가 원산지인 알로카시아의 기본종인 알로카시아 오도라(*Alocasia odora*)는 흔히 알로카시아 코끼리의 귀라는 별명이 있다. 오도라 품종은 높이 1.6m까지 자라고 방패 모양의 잎이 실제로도 코끼리의 귀처럼 보인다. 기본종인 오도라 종은 잎에 색줄이 없지만 아마조니카 품종은 잎에 흰색 줄무늬가 있다. 잎에 있는 무늬 때문에 아마조니카 품종은 거북이 등딱지 같다고 하여 '거북알로카시아'라는 별명이 있다. 거북알로카시아 품종은 자연종이 아닌 교배종이며 정식 학명은 *Alocasia x amazonica 'Polly'*이다.

국내의 경우 알로카시아 오도라는 식물원 온실에서 흔히 볼 수 있다. 다습 환경을 좋아하지만 너무 물이 과다할 경우에는 식물이 죽을 수도 있다. 몇몇 식물원은 오도라 품종을 얕은 물에서 키우는 경우도 있다.

알로카시아 품종의 번식은 종자와 기는 줄기로 할 수 있다. 뿌리 옆에 기는 줄기가 생기면서 덩이줄기 형태로 새 뿌리가 나오거나 새로운 싹이 올라오는데 그 중 튼튼한 것을 골라서 나누어 심으면 된다. 선호 토양은 5.5~7.0pH.

알로카시아 아마조니카 수경재배 가이드

생육 적온은 18~25도이고 최저 온도는 13도이다. 태양은 물론 그늘에서도 자라지만 보통은 밝은 그늘이 좋고 가끔 햇빛에 노출시켜야 한다. 이 식물은 수분이 과다 공급되면 고사할 수 있으므로 뿌리가 완전히 잠기지 않도록 해야 한다. 황토볼을 사용한 반수경이 적합하다.

원예도매상가에서 알로카시아를 구입하되 연중 쉽게 구할 수 있다. 봄에는 모종을, 다른 철에는 모종이 아니더라도 구입해서 준비한다.

대야에 물을 채워 모종의 뿌리만 몇 시간 정도 담근다. 그 뒤 흔들어서 흙을 제거한 뒤 뿌리가 손상되지 않도록 샤워기로 깨끗하게 세척한다.

모종을 주둥이가 좁은 수경 용기에 설치한다. 물은 뿌리의 70~80%가 잠기도록 채운다. 처음 일주일은 하루 간격으로 물을 교체한 뒤 나중에는 10~30일 간격으로 수면이 낮아지면 교체한다. 상태가 악화되면 뿌리에서 썩은 부위를 도려내고 수경으로 새 수염뿌리를 활착시킨 뒤 황토볼을 이용한 반수경재배로 전환한다. 여기서도 악화되면 흙 화분으로 이식한다.

황토볼을 이용한 반수경재배법이 좋지만, 자동 수경재배기에서 재배하는 것도 좋다. 양액 대신 물을 사용해 재배하되 비료를 좋아하므로 2주 간격으로 액체비료를 공급한다.

공기정화가 필요한 실내의 반차광 베란다~밝은 그늘에 수경 용기를 배치한다. 창문에서 떨어져 있는 그늘에서의 성장도 양호하다.

수경재배로 유명한

몬스테라

천남성과 상록덩굴식물 *Monstera deliciosa* 꽃 드물게 개화 길이 20m

멕시코 남부에서 과테말라, 파나마 등의 중미 열대우림 지역이 원산이다. 열대밀림에서 덩굴성으로 자라기 때문에 길이 20m까지 자란다. 열매는 옥수수 모양이며 향이 있고 매력적인 오묘한 맛(카스타드 질감의 사과 맛 또는 바나나 질감의 파인애플 맛)이 있어 먹어 본 사람들은 맛있다고 한다. 성숙한 열매는 인간에게 안전하지만 미성숙 열매는 칼륨옥산살(Potassium Oxalate)이 함유되어 있어 입에 자극을 주고 피부염증을 유발하므로 섭취를 피한다. 식용을 하려면 충분히 성숙한 열매여야 하며 안쪽 살이 노란색으로 익을 때 향과 당도가 올라가면서 안쪽 살을 섭취할 수 있다. 일반적으로 겉껍질을 벗겨 먹기보다는 겉껍질이 저절로 떨어질 때가 섭취에 안전하다. 섭취할 때 따끔거림이 심하면 버려야 한다.

몬스테라의 어린 잎은 구멍이 없지만 성숙해지면 잎에 큰 구멍이 생기고 어떤 잎은 가장자리가 불규칙하게 깊게 갈라진다.

꽃은 파종 후 3년차부터 개화를 하는데 15cm 길이의 불염포에 싸여 있고 모양은 스킨답서스 꽃과 비슷하다. 열매는 길이 25cm까지 자란다. 몬스테라의 번식은 꺾꽂이와 기는 줄기를 나누어 심는 방법이 있다. 보통은 뿌리 옆 기는 줄기에 새 싹이 올라오는데 그 중 튼튼한 것을 골라서 나누어 심는다.

몬스테라 수경재배 가이드

생육 적온은 16~20도이고 최저 온도는 13도이며 10도 이하에 오랫동안 노출하면 동사할 수 있다. 태양은 물론 그늘에서도 자라지만 보통은 밝은 그늘이 좋다. 이 종류 식물 중에서는 수경재배가 가능한 식물로 알려져 있지만 물 관리를 잘못하면 고사할 수 있다. 수경에 적응시키는 데 실패하면 황토볼을 사용한 반수경재배를 한다.

원예도매상가에서 몬스테라를 구입하되 연중 쉽게 구할 수 있다. 봄에는 모종을, 다른 철에는 모종이 아니더라도 구입해서 준비한다.

대야에 물을 채워 모종의 뿌리만 몇 시간 정도 담근다. 그 뒤 흔들어서 흙을 제거한 뒤 뿌리가 손상되지 않도록 샤워기로 깨끗하게 잔여물을 세척한다.

모종을 입구가 넓은 수경 용기에 설치한다. 물은 뿌리의 70~80%가 잠기도록 채운다. 처음 일주일은 하루 간격으로 물을 교체한 뒤 나중에는 10~30일 간격으로 수면이 낮아지면 교체한다. 상태가 악화되면 뿌리에서 썩은 부위를 도려내고 수경재배로 새 수염뿌리를 활착시킨 뒤 황토볼을 넣은 용기로 이식하여 반수경재배를 한다.

황토볼을 이용한 반수경재배법이 좋지만, 자동 수경재배기에서 재배하는 것도 좋다. 양액 대신 물을 사용해 재배하되 비료를 좋아하므로 2주 간격으로 액비를 공급한다.

반차광 베란다~밝은 그늘에 수경 용기를 배치한다. 창문에서 떨어진 그늘에서도 성장할 수 있지만 밝은 그늘이 더 좋다.

수경재배가 어려운 식물

부자란(자주만년초)

닭의장풀과 여러해살이풀 *Rhoeo discolor* 꽃 드물게 개화 높이 70cm

멕시코 남부에서 과테말라까지 열대우림 지역이 원산지이지만 후에 하와이, 캘리포니아 숲속에도 귀화하였다. 원산지에서는 여러해살이풀이지만 온대지방에서는 보통 한해살이풀로 취급한다.

이 식물은 필자가 테스트한 수경재배 식물 100여 종 중에서 가장 수경재배가 안 되는 식물이었다. 원인을 찾아보니 부자란은 이 종류 식물 중에서는 건조한 환경을 좋아하는 식물이었다. 실제로 비가 많이 내리는 지역에서는 노지에서 키울 경우 고인 물에 부패해서 죽는 식물이란 뜻이다. 수경재배를 할 경우 물에 일주일 정도만 침수시켜도 겉잎부터 물러지면서 뚝뚝 떨어지기 시작한다. 수경이 어려운 식물이므로 황토볼을 사용해 반수경을 시도하거나 그것도 어려울 경우 토경재배를 해야 한다.

번식은 종자, 꺾꽂이, 분주로 할 수 있다.

식물체의 수액에는 독성이 있으므로 애완동물이 닿지 않는 곳에서 키워야 하며, 만질 때는 장갑을 끼는 것이 좋다.

열대지역의 민간에서는 만년초 종류를 항균, 살충, 항염, 항암에 효능이 있다 하여 잎을 차로 우려마시는데 독성이 있으므로 주의해야 한다.

부자란(자주만년초) 수경재배 가이드

생육 적온은 10~25도이고 최저 온도는 6도이고 -6도에서도 일시적으로 견딜 수 있다. 양지~반양지에서 자라되 보통은 통풍이 잘되고 햇빛이 들어오는 곳에서 키워야 한다. 그늘에서는 생장이 불량할 수 있다. 다른 식물에 비해 공기정화 능력은 2~3배 탁월하다.

원예도매상가에서 부자란을 구입하되 연중 쉽게 구할 수 있다. 봄에는 모종을, 다른 철에는 모종이 아니더라도 구입해서 준비한다.

대야에 물을 채워 모종의 뿌리만 흔들어서 흙을 제거한 뒤 뿌리가 손상되지 않도록 샤워기로 깨끗하게 세척한다. 잎이 물에 장시간 노출되면 잎이 부패하므로 물에 노출되지 않도록 조심한다.

모종을 입구가 넓은 수경재배 용기에 설치한다. 물은 뿌리의 70~80%가 잠기도록 채운다. 처음 일주일 동안은 매일 물을 교체하면서 뿌리를 세척한다는 기분으로 물을 교환해 준다. 잎이 물에 장시간 침수되면 잎이 물러터지면서 부패하므로 그 잎은 즉시 떼어낸다. 2주일째에 황토볼을 넣은 용기로 이식하여 반수경재배로 전환한다. 상태가 나빠지면 흙 화분으로 옮겨야 한다.

물을 싫어하고 건조한 환경을 좋아하기 때문에 수경재배에 어려운 식물이다. 수분을 적게 공급하려면 자동 수경재배기에서 물 공급을 빈번하지 않은 간격으로 조절해서 키워 본다.

공기정화가 필요한 거실이나 침실의 반그늘 또는 반차광 베란다에 수경 용기를 배치한다.

실내 식물로 인기만점인

송오브인디아

백합과 낙엽상록관목 *Dracaena reflexa* 꽃 1~2월 높이 5m

드라세나 레플렉사(Dracaena reflexa)는 인도양의 모리셔스, 아프리카의 모잠비크, 마다가스카르 등에서 자생하는 나무이다. 18세기 말, 프랑스의 식물학자 장 바티스트 라마르크에 의해 처음으로 알려졌다. 이 중에 '송오브인디아' 또는 '송오브자메이카'라는 이름으로 알려진 식물은 화려한 색채의 줄무늬를 가진 상록 잎으로 가정에서 키우는 관엽식물로 널리 인기를 얻고 있다. 송오브인디아 외에도 '삼색', '타잔', '바리에가타' 품종이 있다.

원산지에서의 드라세나 레플렉사는 높이 4~5m로 자라지만 가정에서 키울 때는 보통 2m 이하 높이로 자란다. 생장 속도는 상당히 더딘 편이며 꽃은 작고 향이 거의 없다.

잎을 무성하게 자라게 하려면 봄~가을에 2개월 간격으로 비료를 줘야 한다. 새 잎이 돋아나게 하려면 가지치기를 한다. 잔가지는 통상 4개가 만들어지도록 가지치기를 하고 유인 방법에 따라 직선형 또는 구굴구불한 형태로 자라도록 할 수 있다. 햇빛에 약하므로 여름 직사광선은 피한다. 잎이 떨어지거나 변색되는 것은 대개 과습에 의해서이다. 번식은 꺾꽂이로 할 수 있다. 수분 관리가 엉망이면 잎이 뚝뚝 떨어지면서 고사한다. 단, 정상적으로 생장하다가 가을경 하부 잎부터 노란색으로 변하면서 뚝뚝 떨어지는 것은 정상적인 생장 활동이므로 하부의 변색된 잎만 제거한다.

송오브인디아 수경재배 가이드

생육 적온은 18~25도이고 최저 온도는 10도이다. 직사광선을 피하고 반그늘~그늘에서 키운다. 이 종류의 식물 중에서는 건조에 강한 식물이므로 수경재배가 어려운 식물이다. 물 관리를 잘못하면 잎이 뚝뚝 떨어지면서 고사하므로 수경보다는 황토볼을 사용해 반수경재배를 해 보고 여의치 않으면 흙 화분으로 이식한다.

원예도매상가에서 송오브인디아를 구입하되 연중 쉽게 구할 수 있다. 봄에는 모종을, 다른 철에는 모종이 아니더라도 구입해서 준비한다.

대야에 물을 채워 모종의 뿌리만 한두 시간 정도 담근다. 그 뒤 흔들어서 흙을 제거한 뒤 뿌리가 손상되지 않도록 샤워기로 깨끗하게 세척한다.

모종을 입구가 넓은 수경재배 용기에 설치한다. 물은 뿌리의 50~70%가 잠기도록 채운다. 처음 일주일은 하루 간격으로 물을 교체한 뒤 일주일 뒤에는 황토볼을 넣은 용기로 이식하여 반수경재배를 한다. 상태가 악화되면 뿌리에서 썩은 부위를 도려내고 수경재배로 새 수염뿌리를 활착시킨 뒤 흙 화분으로 이식한다.

황토볼을 이용한 반수경재배법이 좋지만, 자동 수경재배기에서 재배하는 것도 생각해 볼 만하다. 양액 대신 물을 사용해 재배하되 비료를 좋아하므로 액체비료를 공급한다.

공기정화가 필요한 거실의 반차광 베란다~밝은 그늘에 수경 용기를 배치한다. 창문에서 떨어진 그늘에서도 잘 성장한다.

공기 주머니가 있어 물에 둥둥 뜨는

부레옥잠

부레옥잠과 수생식물 *Eichhornia crassipes* 꽃 8월 높이 30cm

연못이나 논의 물 위에서 물에 뜬 채로 자라는 수생식물이다. 잎자루는 길이 10~20cm이고 가운데가 부풀어 오르면서 공기주머니처럼 되는데 부레 같다 하여 부레옥잠이란 이름이 붙었다. 이 공기주머니처럼 생긴 둥근 부분 때문에 물 위에서 떠 있게 된다. 잎은 4~10cm로 윤채가 있다.

유사종인 물옥잠(Monochoria korsakowii)은 물옥잠과 수생식물로 잎자루에 부레 같은 공기 주머니가 없는 것이 특징이다.

부레옥잠의 꽃은 8~9월에 총상꽃차례로 연한 자주색 꽃이 무리지어 달린다. 수술은 6개, 암술은 1개이다. 물옥잠의 꽃은 부레옥잠에 비해 작고 색은 더 짙고 꽃이 달리는 모양은 원뿔모양꽃차례이다.

한방에서는 부레옥잠의 전초를 수호로(水葫蘆)라고 부르며 해독, 풍열에 약용하고 물옥잠의 전초는 해독, 초기 치질에 사용한다.

둘 다 여름이 한창일 때 연못가에 나타나는 식물이므로 수경으로 재배하더라도 장기간 키울 수는 없고 몇 개월 정도만 키울 수 있다.

실내나 베란다 등에 어항이나 작은 연못 등을 꾸민 경우 장식용으로 키울 수 있지만 가급적 햇빛이 잘 들어오는 마당에서 수경재배 용기나 연못을 조성한 뒤 키우는 것이 좋다.

부레옥잠/물옥잠 수경재배 가이드

부레옥잠은 수조에 흙이 없어도 생존이 가능하고 물옥잠은 물 속 흙에 뿌리를 박아야 생존한다. 물의 온도는 10도 이상을 유지하되 생존에 좋은 물 온도는 20도 이상이다. 번식은 포기나누기로 할 수 있다. 노지 연못에서는 성장이 양호하면 통상 일주일에 두 배로 번식하므로 너무 많이 번식하지 않도록 약한 부분은 포기를 나누어 제거한다.

● ● ●

꽃집에서 봄철에 부레옥잠 모종을 구입한다. 다른 철에는 모종이 아니더라도 구입해서 준비한다.

대야에 물을 채워 모종의 뿌리만 한두 시간 정도 담근다. 그 뒤 흔들어서 흙을 제거한 뒤 뿌리가 손상되지 않도록 샤워기로 깨끗하게 잔여물을 세척한다.

어항 같은 입구가 넓은 수조 바닥에 깨끗한 마사토를 조금 깔아준다. 그 위에 물을 담고 부레옥잠을 물 위에 띄운다.

물옥잠은 화분 등에 진흙을 넣고 그 곳에 물옥잠을 심은 뒤 화분을 통째로 물이 들어 있는 수조나 연못에 담근다.

실내에서 키울 경우 햇빛이 잘 들어오는 곳에 수조를 배치한다.

어항에서 흔히 키우는 수생식물

워터코인

두릅나무과 반수생식물 *Hydrocotyle verticillata* 꽃 3~4월 높이 20cm

흔히 '페니워터'라고도 불리는데 습지 및 축축한 곳에서 자생하는 식물로서 외국에서 전래되었다. 원산지는 중남미와 카리브해 일대의 얕은 습지 주변이나 축축한 곳에서 잘 자란다. 여러 유사종이 있으며 몇몇 유사종은 수조나 수족관 같은 곳에서도 생장할 수 있다. 생장 속도는 더딘 편이지만 환경만 맞으면 번식은 아주 잘 된다.

원래 얕은 물에서 사는 식물이므로 물에 잎이 잠긴 상태이면 생육이 어렵다. 보통은 수조나 수족관의 얕은 물에서 키운다. 수족관에서 키울 경우 장식용으로 좋을 뿐만 아니라 물고기의 좋은 식량이 된다. 빠르게 번식되어 수족관을 덮을 경우 수족관의 산소가 줄어들 수 있으므로 정기적으로 관리해야 한다.

워터코인의 줄기는 가늘고 땅을 기는 속성이 있으며 최대 20cm까지 자라지만 보통은 그보다 짧다. 잎은 둥글고 50원짜리 동전 크기이다. 수생으로 키울 경우 잎이 반드시 수면 밖으로 나와 있어야 한다.

여름에 피는 꽃은 연록색이고 원뿔모양 화서에 10여 개의 자잘한 꽃이 다닥다닥 달린다. 워터코인 또한 여름에 잘 자라는 수생식물이므로 수명은 그리 길지 않다.

워터코인 수경재배 가이드

워터코인은 잎이 물에 잠기면 생장이 불량해지므로 보통 얕은 물가에서 수경재배한다. 생육 적온은 15~27도이고 최저 온도는 4도이다. 햇빛을 좋아하므로 양지에서 키운다. 선호하는 Ph 값은 6~7이다. 번식은 꺾꽂이와 포기나누기로 할 수 있다.

꽃집에서 워터코인을 구입하되 연중 쉽게 구할 수 있다.

워터코인은 100% 수경재배하지 않고 얕은 물가에서 수경하는 것이 좋다. 모종에서 흙을 대충 털어서 준비하되, 흙을 깨끗이 세척하지 않도록 한다.

어항 같은 주둥이가 넓은 수조 바닥에 깨끗하게 세척한 마사토를 조금 깔아준다. 그 위에 물을 얕게 담고 워터코인을 넣되 잎은 물에 잠기지 않고 뿌리만 물에 얕게 잠기도록 한다.

물에 완전히 침수되는 것을 좋아하는 식물이 아니므로 자동 수경재배기에서 재배하는 것도 생각해 볼 만하다.

실내에서 키울 경우 햇빛이 잘 들어오는 곳에 수조를 배치한다.

잎에서 레몬 향이 나는

율마

측백나무과 상록침엽관목 *Cupressus macrocarpa* 꽃 3~4월 높이 3.5m

율마는 캘리포니아 중부 해안에서 자생하는 측백나무의 유사종으로 최초에는 네덜란드에서 1987년에 돌연변이종으로 발견되었고 그 후 Cupressus macrocarpa 'Goldcrest Wilma'라는 학명을 부여받았다.

원종은 높이 40m로 자라지만 율마는 높이 3.5m 내외로 자라는 난쟁이 측백나무의 일종이다. 가정에서는 보통 높이 1~2m까지 자란다.

율마는 측백나무와 달리 잎의 색상이 녹색과 노란색이 혼합되어 멀리서 보면 황금색으로 보인다. 이 잎을 손으로 터치하면 연하게 레몬 향이 난다. 원산지에서는 정원수로 키우기도 하지만 보통은 실내에서 공기정화 및 잎을 관상할 목적으로 키운다.

화초 특징

빙하기 이전부터 살았던 율마의 원종은 캘리포니아와 뉴질랜드 해안에서 볼 수 있으며 직립형으로 자라지만 바람이 심한 지역에서는 향나무처럼 구불구불하게 자란다. 원종의 경우 자연계에서 높이 40m, 직경 2.5m까지 자란다. 원종은 불에 잘 타기 때문에 방화수로는 적합하지 않지만 뉴질랜드에서는 목장의 울타리 목재로 사용하였다.

율마 수경재배 가이드

생육 적온은 8~25도이고 최저 온도는 5도이다. 선호 pH는 5.5~6.5이고 양지~반그늘에서 자라지만 보통 양지에서 키운다. 물이 과다하면 고사하지만 조금만 건조해도 고사하는 식물이다. 황토볼을 사용한 반수경재배가 적합하고 상태가 좋지 않으면 흙 화분으로 이식한다. 생장 속도는 더딘 편이다. 번식은 꺾꽂이로 한다.

원예도매상가에서 율마 모종을 구입하되 연중 쉽게 구할 수 있다. 봄에는 모종을, 다른 철에는 모종이 아니더라도 구입해서 준비한다.

대야에 물을 채워 모종의 뿌리만 반나절 정도 담근다. 그 뒤 흔들어서 흙을 제거한 뒤 뿌리가 손상되지 않도록 샤워기로 깨끗하게 잔여물을 세척한다.

입구가 넓은 수경 용기에 모종을 설치한다. 물은 뿌리의 70~80%가 잠기도록 채운다. 처음 일주일은 매일 물을 교체하고 2주 뒤부터는 일주일에 2회 물을 교체한다. 보통 15일 이상은 생존하는데 만약 생존이 어려워 보이면 황토볼을 넣은 용기로 이식하여 반수경재배를 한다.

황토볼을 이용한 반수경재배법 외에 자동 수경재배기에서 재배하는 것도 생각해 볼 만하다. 양액 대신 물을 사용해서 재배하고 비료는 상태를 봐가며 공급한다.

공기정화가 필요한 거실의 양지나 베란다의 양지~반차광 베란다에 수경재배 용기를 배치한다.

도로변 화단의 꽃으로 유명한

카랑코에

돌나물과 상록여러해살이풀 *Kalanchoe blossfeldiana* 꽃 겨울 높이 50cm

동아프리카의 마다가스카르 섬이 원산지인 카랑코에는 가정집에서 공기정화 식물로 흔히 키울 뿐만 아니라 도로변 화단의 꽃으로도 식재하는 계절성 화초이다. 1932년에 독일 식물학자 로버트 블로스펠트(Robert Blossfeld)에 의해 전 세계에 알려졌지만 약 100여 종의 유사종이 있어 어떤 품종은 더 일찍 알려졌다. 원산지에서는 여러해살이풀이지만 우리나라에서는 한해살이 다육식물로 취급한다.

카랑코에의 줄기는 높이 50cm까지 자라고 생장 속도는 더딘 편이다. 잎은 녹색이고 광택이 있다. 꽃은 원산지의 경우 늦가을~겨울에 개화하지만 죽은 줄기나 죽은 꽃을 순지르기하면 실내의 경우 계절에 상관없이 무작위로 꽃이 필 수 있다. 꽃의 색상은 품종에 따라 분홍색, 노란색, 흰색이 있다. 카랑코에의 몇몇 품종은 원주민들이 항염, 류머티즘, 고혈압, 살충 등에 사용한 기록이 있지만 대부분 부파디놀라이드 같은 독성이 함유되어 있으므로 식용하지 않는다.

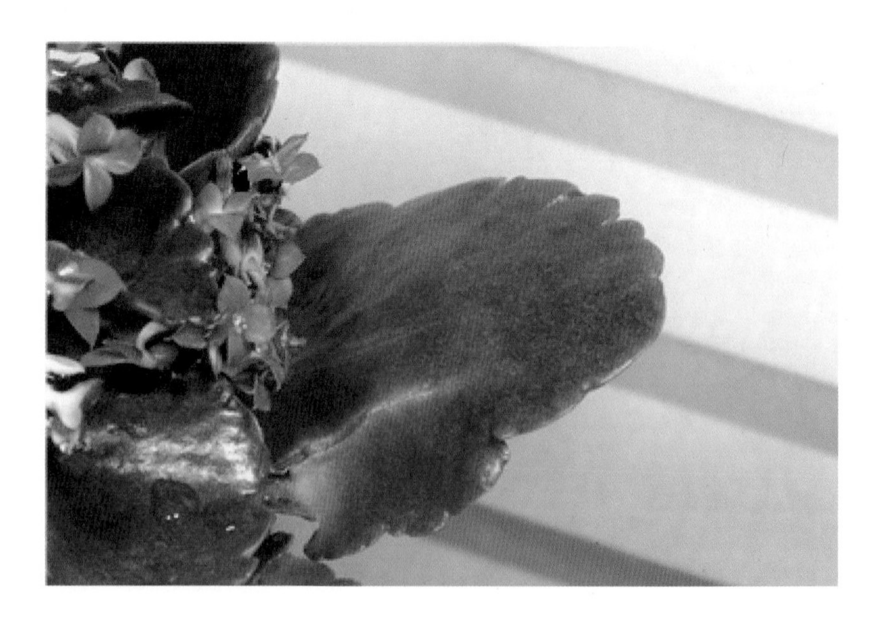

카랑코에 수경재배 가이드

생육 적온은 15~30도이고 최저 생육 온도는 5도이다. 양지~반양지에서 자라지만 보통 하루에 8~10시간 햇빛이 들어오는 양지에서 키운다. 수경재배가 잘 되지만 잎이 물에 잠기면 쉽게 썩는 식물이므로 뿌리만 잠기게 한다. 장기간 재배하려면 황토볼을 사용해 반수경을 하거나 자동 수경재배기로 재배한다. 비료를 많이 먹는 화초이므로 통상 2주에 한 번 비료를 공급한다. 번식은 포기나누기, 꺾꽂이, 잎꽂이로 하는데 잎꽂이로도 뿌리가 잘 내린다.

원예도매상가에서 카랑코에 모종을 구입하되 봄에 쉽게 구할 수 있다.

대야에 물을 채워 모종의 뿌리만 한두 시간 정도 담근다. 그 뒤 흔들어서 흙을 제거한 뒤 뿌리가 손상되지 않도록 샤워기로 깨끗하게 세척한다.

모종을 주둥이가 넓은 수경 용기에 설치한다. 물은 뿌리의 70~80%가 잠기도록 채운다. 처음 일주일은 1~2일 간격으로 물을 교체하고 2주 뒤부터는 일주일에 2회 물을 교체한다. 잎이 잠기지 않도록 매우 주의한다.

조금 더 안정적으로 재배하려면 자동 수경재배기에서 재배하는 것이 좋다. 양액 대신 물을 사용해 재배한다.

카랑코에 수경재배기는 실내에서 하루에 햇빛이 8시간 이상 들어오는 공간에 배치한다.

사무실에 잘 어울리는 공기정화 식물

크로톤

대극과 상록활엽관목 *Codiaeum variegatum* 꽃 드물게 개화 높이 3m

동남아시아, 호주, 서태평양 제도의 밀림에서 자생하며 여러 품종이 있다. 품종에 따라 3m까지 성장하지만 가정집에서는 보통 1.8m까지 성장한다. 잎의 모양은 품종에 따라 직사각형, 타원형, 길쭉한 형, 갈래형이 있고 잎의 무늬 역시 품종에 따라 녹색, 붉은색, 노란색이거나 알록달록한 색이다. 잎의 색상은 햇빛을 받지 않거나 그늘에서 키울 경우 점점 탈색되므로 주의한다.

크로톤의 꽃은 원산지에서 보통 초가을에 개화하고 자잘한 흰색 꽃들이 달린다.

크로톤의 줄기나 잎을 자르면 5-deoxyingenol이라는 유백색의 유액이 나오는데 이 유액은 피부염을 유발하므로 크로톤을 이식하거나 가지치기를 할 때는 장갑을 끼어야 한다. 또한 식물체와 씨앗에는 발암 물질이 함유되어 있으므로 식용은 피하는 것이 좋다.

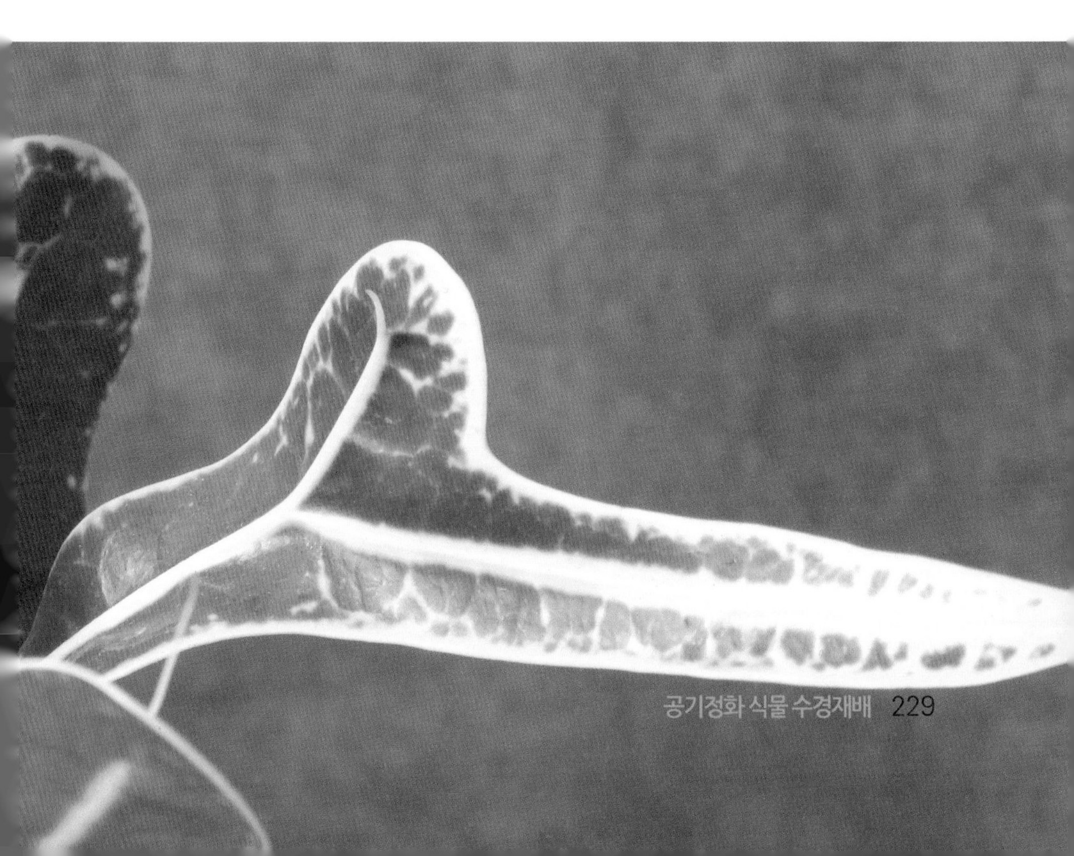

크로톤 수경재배 가이드

생육 적온은 20~25도이고 최저 생육 온도는 13도이다. 양지~반양지에서 자라지만 보통 반양지가 좋고 여름 직사광선은 차광한다. 수경재배가 잘 되지만 잎이 물에 잠기면 쉽게 썩는 식물이므로 뿌리만 잠기도록 한다. 장기간 재배하려면 황토볼을 사용해 반수경재배를 하거나 자동 수경재배기로 재배한다. 번식은 꺾꽂이로도 잘 된다. 비료는 2주 간격으로 공급한다.

원예도매상가에서 크로톤 모종을 구입하되 봄에 쉽게 구할 수 있다.

대야에 물을 채워 모종의 뿌리만 한두 시간 정도 담근다. 그 뒤 흔들어서 흙을 제거한 뒤 뿌리가 손상되지 않도록 샤워기로 깨끗하게 세척한다.

입구가 넓은 수경 용기에 모종을 설치한다. 물은 뿌리의 70~80%가 잠기도록 채운다. 처음 일주일은 매일 물을 교체하고 2주 뒤부터는 일주일에 2회 물을 교체한다. 잎이 물에 잠기지 않도록 매우 주의한다.

장기간 안정적으로 재배하려면 반수경재배기나 자동 수경재배기에서 재배한다. 반수경재배는 밑면에서 위로 10~20% 부분에 배수구 2개를 뚫은 플라스틱 병에 크로톤을 설치한 뒤 황토볼을 뿌리 위까지 채우고 황토볼이 마를 때마다 물을 공급하면 된다.

크로톤 수경재배기는 실내에서 반차광 베란다~반양지에 배치하되 여름의 직사광선은 차광한다.

수족관 식물로 유명한

타라

쐐기풀과 상록여러해살이풀 *Pilea libanensis* 꽃 드물게 개화 높이 20cm

타라는 남아프리카 혹은 중남미 열대원산의 지피식물이다. 국내에서는 공중걸이 식물로 흔히 키우지만 해외에서는 테라리움 식물로 유명하다.

이 식물은 최근까지만 해도 어느 분류에 속하는지 알 수가 없어 보통 *Pilea grauca*라는 학명으로 알려지기 시작했지만 정확히는 쿠바를 원산지로 보고 있고 학명은 *Pilea libanensis*이다. 그럼에도 불구하고 아직도 표준이 공인되지 않아 잘못된 학명인 *Pilea grauca*라고 더 많이 알려져 있다.

꽃은 실내에서 키울 경우 개화 시기가 일정하지 않고 깨알 같은 흰색~분홍색 꽃이 피어 육안으로는 잘 보이지 않는다.

줄기는 붉은색이고 잎은 녹색, 회색, 은색이 혼합되어 있다. 원래부터 지피식물이기 때문에 높이는 20cm 내외이지만 폭은 50cm로 넓게 퍼져서 자란다. 일반적으로 바구니 같은 공중걸이 형태로 키우는 것이 가장 아름답다.

추위에는 약한 식물이므로 늦가을이 되면 실내의 밝은 쪽으로 옮겨야 한다.

타라 수경재배 가이드

생육 적온은 15~26도이고 최저 생육 온도는 12도이다. 반양지~음지에서 자라지만 보통은 아침이나 오후에 한두 시간 햇빛이 들어오는 장소에 배치하거나 직사광선이 없는 밝은 곳에 배치한다. 수경재배가 쉬운 식물이 아니므로 장기간 재배하려면 황토볼을 사용한 반수경재배기나 자동 수경재배기로 재배한다. 번식은 잎이 달려 있는 줄기를 꺾은 뒤 물에 담그면 되는데 열 개 정도 꽂아서 뿌리를 잘 내린 줄기를 키운다. 비료는 2주 간격으로 공급한다.

원예도매상가에서 타라 모종을 구입하되 연중 쉽게 구할 수 있다.

대야에 물을 채워 모종의 뿌리만 한두 시간 정도 담근다. 그 뒤 흔들어서 흙을 제거한 뒤 뿌리가 손상되지 않도록 샤워기로 깨끗하게 잔여물을 세척한다.

모종을 입구가 넓은 수경 용기에 설치한다. 물은 뿌리의 70~80%가 잠기도록 채운다. 처음 일주일은 매일 물을 교체하고 2주 뒤부터는 일주일에 2회 물을 교체한다. 잎이 물에 잠기지 않도록 주의한다.

조금 더 안정적으로 재배하려면 반수경재배기나 자동 수경재배기에서 재배하는 것이 좋다. 양액 대신 물을 사용해 재배한다.

타라 수경재배기는 실내에서 밝은 그늘에 배치하고 한여름의 직사광선은 피한다.

난쟁이 야자나무 종류인

테이블야자

종려과 상록활엽관목 *Chamaedorea elegans* 꽃 드물게 개화 높이 5m

중앙 아메리카의 멕시코, 과테말라 등의 열대우림지대의 키 큰 나무 밑에서 자생하는 키 작은 야자나무의 한 종류이다. 야자나무류 중에서는 키 작은 난쟁이 야자나무이기 때문에 저렴한 가격으로 가정집 실내 식물로 많이 보급되었다. 또한 테이블야자는 생존력이 강하기 때문에 화분으로 키울 경우 쉽게 죽지 않는 식물로도 유명하다.

테이블야자의 키는 원산지의 경우 높이 5m까지 자라지만 아열대 기후의 정원에서는 보통 3m, 실내에서는 보통 1.5~2m까지 자란다.

잎은 길이 약 12cm이고 긴 잎자루가 있고 원뿌리에서 다발로 올라오다가 강한 것이 원줄기가 되고 약한 것은 죽는다. 다른 야자나무에 비해 줄기가 가늘기 때문에 원산지에서는 태풍에 의해 쉽게 쓰러지는 경향이 높다.

꽃은 노란색이고 꽃잎이 없는 구슬처럼 생긴 자잘한 꽃들이 모여 달린다.

테이블야자는 생장 속도가 매우 더디다는 단점이 있지만 공기정화 식물 중 가장 수경재배가 잘 되는 식물이다. 수경재배를 할 때는 물갈이만 잘 해줘도 몇 개월간은 아주 잘 자란다.

테이블야자 수경재배 가이드

생육 적온은 24~32도이고 최저 생육 온도는 7~12도인데 가급적 12도 이하가 되지 않도록 주의한다. 반양지~음지에서 자란다. 수경재배가 아주 잘 되는 식물이지만 몇 년간 오래 재배하려면 황토볼을 사용해 반수경을 해 본다. 번식은 포기나누기와 종자로 하며 적정 발아 온도는 30도 전후이다. 비료는 두 달에 한 번 공급한다.

원예도매상가에서 테이블야자 모종을 구입하되 연중 쉽게 구할 수 있다.

대야에 물을 채워 모종의 뿌리만 반나절 정도 담근다. 그 뒤 흔들어서 흙을 제거한 뒤 뿌리가 손상되지 않도록 샤워기로 깨끗하게 세척한다.

모종을 주둥이가 좁은 수경 용기에 설치한다. 물은 뿌리의 70~80%가 잠기도록 채운다. 처음 일주일은 매일 물을 교체하고 2주 뒤부터는 일주일에 2회 물을 교체한다.

조금 더 장기적이고 안정적으로 키우려면 반수경재배기나 자동 수경재배기에서 재배한다. 물을 사용해 재배하고 비료는 필요할 경우 공급한다.

테이블야자의 수경재배기는 실내에서 반차광 베란다~밝은 그늘에 배치하되 직사광선은 피한다.

원래 이름은 부귀수

해피트리(행복나무, 부귀수)

두릅나무과 상록활엽교목 *Heteropanax fragrans* 꽃 드물게 개화 높이 3m

중국, 인도, 인도네시아, 베트남, 태국, 부탄 등의 해발 1,000m 지점의 산록이 원산지이다. 원산지에는 높이 30m로 자라는 상록활엽교목이지만 실내에서 키울 때는 보통 2m 높이로 자란다. 국내에서는 약용으로 사용하지 않지만 원산지에서는 뿌리와 수피를 약용할 목적으로 재배하기도 한다. 식물체에는 항산화, 항균, 항염에 유효한 성분이 있고 감기, 지통, 부종, 해열, 골절에 약용하지만 수액이 피부나 눈에 닿을 경우 염증을 일으킬 수도 있다.

잎은 3회 깃꼴겹잎으로 작은 잎자루마다 작은 잎이 3~5매씩 달려 있다. 꽃은 두릅나무 꽃과 비슷한 자잘한 꽃들이 무리지어 달린다.

원래 이 나무는 해피트리라는 이름처럼 행복을 가져오는 나무라고 알려져 있지만 요즘은 재물이 들어오는 나무라고 해서 부귀수라는 별명도 있다. 그 이유를 보면 중국에는 황산풍이라는 나무와 생김새가 비슷한 나무로 녹보수가 있다. 녹보수의 중국 내 유통명은 해피트리이고, 황산풍의 중국 내 유통명은 부귀수이다. 생김새가 비슷하다 보니까 황산풍을 국내에 도입하면서 해피트리라고 오인하게 되었다가 국내 유통명으로 고착화되었고 나중에야 중국 내 유통명인 부귀수로도 부르다 보니 두 가지 유통명이 생겨난 것이다. 즉 우리나라에서 해피트리라고 부르는 나무의 중국 내 유통명은 부귀수이고, 행복수라고 부르는 나무는 사실 중국의 녹보수를 말한다.

해피트리 수경재배 가이드

생육 적온은 20~30도이고 최저 생육 온도는 5도이다. 20도 이하에서는 생장이 더디어진다. 양지~음지에서 자라지만 보통은 아침이나 저녁 때 한두 시간 햇빛이 들어오는 곳이나 반차광 베란다에서 키운다. 장기간 재배하려면 황토볼을 사용한 반수경재배를 한다. 번식은 꺾꽂이로 한다.

원예도매상가에서 해피트리 모종을 구입하되 봄에 쉽게 구할 수 있다.

대야에 물을 채워 모종의 뿌리만 한두 시간 정도 담근다. 그 뒤 흔들어서 흙을 제거한 뒤 뿌리가 손상되지 않도록 샤워기로 깨끗하게 세척한다.

모종을 주둥이가 넓은 수경 용기에 설치한다. 물은 뿌리의 70~80%가 잠기도록 채운다. 처음 일주일은 1~2일 간격으로 물을 교체하고 2주 뒤부터는 일주일에 2회 물을 교체한다.

조금 더 안정적이고 오랫동안 키우려면 황토볼을 이용한 반수경재배를 한다.

해피트리 수경재배기는 실내에서 반차광 베란다~밝은 그늘에 배치한다.

장식 겸 공기정화 식물

행운목

백합과 상록활엽교목 *Dracaena fragrans* 꽃 드물게 개화 높이 15m

원산지는 아프리카 모잠비크, 탄자니아, 앙골라의 중고산 산악 지역이다. 원래는 *Dracaena fragrans*라는 학명의 공기정화 식물로 유명하지만 국내에서는 줄기 부분만 잘라서 행운목이란 유통명으로 판매한다. 외국에서는 잎이 옥수수 잎을 닮았다고 하여 Corn Plant라고 부른다.

드라세나 품종은 잎 모양에 따라 *Massangeana* 등의 품종과 실내에서 키울 목적의 작은 품종인 *Compacta* 품종도 있다.

드라세나는 높이 30m까지 자라지만 원줄기가 길고 좁기 때문에 실내에서 작은 면적을 차지한다. 그래서 이미 1,800년대부터 실내 식물로 각광받았다. 잎은 잎자루 포함 최대 1.5m까지 자라고, 꽃은 드물게 개화하고 최대 1.5m 길이의 꽃자루에서 자잘한 꽃들이 모여 달린다. 꽃에서는 좋은 향기가 있어 새와 벌들이 찾는다.

화분에서 키울 때 방치를 해도 잘 자라기 때문에 수경재배도 비교적 용이한 편이다. 약간 독성이 있어 애완동물이 먹으면 구토를 할 수 있으므로 애완동물이 섭취하지 않도록 주의한다.

보통 2~3년차 잎은 줄기의 하부 잎부터 노랗게 변한다. 그런 경우 밑둥에서 잘라 제거하면 잘라낸 부분에서 새 잎이 돋아난다.

행운목 수경재배 가이드

생육 적온은 20~26도이고 최저 생육 온도는 12도이다. 반양지~음지에서 자라지만 보통은 외풍이 없고 반차광된 밝은 곳에서 키운다. 약산성(pH 6.1~6.5) 환경에서 잘 자란다. 수경재배가 가능한 식물이지만 장기간 키우려면 황토볼로 반수경재배를 하거나 자동 수경재배기로 재배한다. 번식은 꺾꽂이로 하고 비료는 1개월 간격으로 공급한다.

꽃집에서 행운목을 구입하되 연중 저렴한 가격으로 구할 수 있다.

수경 용기에 펄라이트나 조약돌 등을 넣어서 행운목을 올려놓을 높이를 조절해 준다.

수경 용기에 행운목을 설치한다. 물은 하단부의 10~20%가 잠기도록 채운다. 처음 일주일은 1~2일 간격으로 물을 교체하고 2주 뒤부터는 일주일에 2회 물을 교체한다. 잎이 잠기지 않도록 주의한다.

더 장기적이고 안정적으로 키우려면 반수경재배기나 자동 수경재배기에서 재배하는 것이 좋다. 물을 사용해 재배하되 필요한 경우 비료를 공급한다.

행운목 수경재배기는 실내의 반차광 베란다~밝은 그늘에 배치하고 한여름의 직사광선은 차광한다.

가정집에서 흔히 키우는 식물 수경재배

홍콩야자(쉐프렐라)

두릅나무과 상록활엽관목 *Schefflera arboricola* 꽃 드물게 개화 높이 9m

홍콩야자는 예로부터 키우기가 쉽기 때문에 가정에서 키우는 공기정화 식물로 유명하다. 서리가 내리지 않는 지역이라면 노지에서도 키울 수 있을 뿐만 아니라 분재 작품에서도 사용된다.

홍콩야자의 원산지는 중국 남부와 대만 등이고 원산지에서는 높이 9m까지 자라는 상록관목~소교목이다.

잎은 손바닥 모양이고 7~9개의 작은 잎으로 되어 있다. 잎의 표면은 혁질의 광택이 있다.

꽃은 8~9월에 개화하고 사방으로 뻗은 여러 개의 긴 꽃자루에 자잘한 꽃들이 모여 달린다. 열매는 직경 5mm인 구형~타원형이고 각각 평균 5개의 씨앗이 들어 있다.

홍콩야자는 식물체에 독성 성분이 있으므로 애완견이 섭취하지 않도록 주의하는 것이 좋다. 만일 홍콩야자의 수액을 섭취하면 구토, 설사, 심장부정맥, 마비, 피부염이 유발될 수도 있다.

원산지에서는 부기, 관절염, 골절 등에 민간약으로 사용한다.

종자 번식의 최적 발아 온도는 20~25도이다. 꺾꽂이 번식은 잎이 달려 있는 줄기를 10cm 길이로 준비한 후 물에 꽂은 뒤 20~30도의 상온에 두면 통상 20~30일 뒤 뿌리를 내린다.

홍콩야자 수경재배 가이드

생육 적온은 15~30도이고 10도 이하에서는 생장을 멈춘다. 반양지~음지에서 자라지만 보통은 아침이나 오후에 한두 시간 햇빛이 들어오는 곳에서 키우거나 직사광선이 없는 밝은 곳에서 키운다. 수경재배가 쉬운 식물이 아니므로 장기간 재배하려면 황토볼을 사용해 반수경을 하거나 자동 수경재배기로 재배해 본다. 비료는 2개월 간격으로 공급한다.

꽃집에서 홍콩야자 모종을 구입하되 봄에 쉽게 구할 수 있다.

대야에 물을 채워 모종의 뿌리만 반나절 정도 담근다. 그 뒤 흔들어서 흙을 제거한 뒤 뿌리가 손상되지 않도록 샤워기로 깨끗하게 잔여물을 세척한다.

모종을 입구가 넓은 수경 용기에 설치한다. 물은 뿌리의 70~80%가 잠기도록 채운다. 처음 일주일은 매일 물을 교체하고 2주 뒤부터는 일주일에 2회 물을 교체한다. 상태가 나빠질 경우 황토볼을 이용한 반수경재배로 전환한다.

장기적이고 안정적으로 재배하려면 반수경재배기나 자동 수경재배가 좋다. 물을 사용해 재배하고 비료는 필요할 때 공급한다.

홍콩야자 수경재배기는 실내에서 외풍이 없는 반차광 베란다~밝은 그늘에 배치하고 한여름의 직사광선은 50% 차광한다.

반수경재배에 좋은

호야

박주가리과 상록덩굴식물　*Hoya carnosa*　꽃 드물게 개화　높이: 2m

동아시아 아열대지역인 중국, 일본, 대만, 피지, 베트남, 호주 등이 원산지이다. 그 중 우리가 흔히 키우는 무늬가 있는 품종은 호야 개량종의 하나이다.

줄기는 길이 2m 이상 자라고 덩굴 속성이 있어 다른 물체를 타고 오른다.

잎은 1cm 길이의 잎자루가 있고 잎의 표면에 무늬가 있는 품종과 무늬가 없는 품종이 있다. 잎의 표면은 왁스처럼 광택이 있고 약간 다육질이기 때문에 두툼하다.

꽃은 작은 별 모양이고 꽃의 색상은 흰색~분홍색이다. 보통 10~50개의 자잘한 꽃들이 공처럼 둥글게 모여 달리기 때문에 별이 모여 있는 것처럼 보여 생각 외로 아름답다. 꽃의 향기는 거의 없지만 야행성이기 때문에 밤에 향기가 날 수도 있다. 원산지에서는 봄~늦여름 사이에 꽃이 피지만 온실 환경에서는 한겨울에 피기도 한다.

호야는 반수경재배가 잘 되는 식물이기 때문에 몇 년 이상 장기간 재배를 하려면 반수경재배를 하는 것이 좋다. 공기정화로 유명한 식물이기 때문에 보통은 침실 옆 창가에 배치하는 것이 좋다.

호야 수경재배 가이드

호야의 생육 적온은 16~29도이고 최저 생육 온도는 12도이다. 양지~음지에서 자라지만 보통은 햇빛이 들어오는 창가에 두되 여름의 직사광선은 조금 차광해 준다. 황토볼을 이용한 반수경 환경에서 키우면 몇 년 이상 키울 수도 있다. 번식은 2~3개의 잎이 달려 있는 줄기를 꺾은 뒤 물에 담그면 되는데 열 개 정도 꽂아서 뿌리를 내린 줄기를 키우면 된다. 비료는 1개월 간격으로 공급한다.

원예도매상가에서 호야 모종을 구입하되 연중 쉽게 구할 수 있다.

대야에 물을 채워 모종의 뿌리만 반나절 정도 담근다. 그 뒤 흔들어서 흙을 제거한 뒤 뿌리가 손상되지 않도록 샤워기로 깨끗하게 세척한다.

모종을 입구가 넓은 수경 용기에 설치한다. 물은 뿌리의 70~80%가 잠기도록 채운다. 처음 일주일은 매일 물을 교체하고 2주 뒤부터는 일주일에 2회 물을 교체한다. 잎이 물에 잠기지 않도록 주의한다.

더 장기간 안정적으로 키우려면 황토볼을 이용한 반수경재배기나 자동 수경재배기로 재배하는 것이 좋다.

호야 수경재배기는 실내에서 햇빛이 들어오는 창가에 배치하고 한여름의 직사광선은 조금 차광하되, 외풍이 없는 반차광 베란다도 좋다.

유럽에서 기관지염에 약용한

아이비

두릅나무과 상록덩굴식물 *Hedera helix* 꽃 9~10월 길이 30m

'양담쟁이'라고 불리는 아이비는 유럽~서아시아가 원산지인 상록덩굴 식물이다. 줄기는 길이 30m까지 자라고 공중뿌리가 있어 나무, 기둥, 울타리, 담장을 타고 오르는 성질이 있다. 잎이 무성하면 지면이나 담장을 담쟁이덩굴처럼 커버할 수 있다.

잎은 3~5갈래로 갈라지고 잎의 길이는 10cm 내외이다.

꽃은 늦여름~늦가을에 개화하고 자잘한 꽃들이 모여 달리는데 꿀이 있어 벌들을 불러모은다. 열매는 둥근 모양이고 씨앗이 1~5개씩 들어 있다.

아이비로 벽을 커버하면 여름에 건물 온도가 내려갈 뿐만 아니라 심미적으로 아름답기 때문에 유럽에서는 벽을 커버할 목적으로 아이비를 즐겨 심는다. 요즘은 아이비 개량종이 30여 종 있으므로 목적에 맞게 다양한 무늬의 잎을 선택해 심을 수 있다. 하지만 아이비는 번식 속도가 왕성하기 때문에 무성하게 자랄 때마다 적정하게 정리를 하여 경작지로 침투하지 않도록 주의해야 한다.

유럽의 민간에서는 아이비의 잎과 열매를 기침 및 기관지염에 약용하였지만 열매는 인간과 애완동물 양쪽에 조금 유독한 독성이 함유되어 있다. 또한 수액에 접촉하면 사람에 따라서는 피부염을 일으킬 수 있으므로 장갑을 끼고 접촉해야 한다.

아이비 수경재배 가이드

생육 적온은 15~20도이고 최저 생육 온도는 5도이다. 양지~음지를 구별하지 않고 잘 자란다. 수경재배가 쉬운 식물이지만 장기간 키우려면 황토볼을 사용해 반수경을 하거나 자동 수경재배기로 재배한다. 번식은 꺾꽂이로 하는데 2장 이상의 잎이 달려 있는 줄기를 10cm로 준비한 후 물꽂이한 뒤 18~25도 온도에서 간접광이 밝은 창가에 두면 통상 3주 뒤에 뿌리를 내린다. 꺾꽂이는 밝은 색 잎과 목본화되지 않은 줄기를 꺾꽂이하는 것이 번식률을 높일 수 있다.

원예도매상가에서 아이비 모종을 구입하되 봄에 쉽게 구할 수 있다.

대야에 물을 채워 모종의 뿌리만 한두 시간 정도 담근다. 그 뒤 흔들어서 흙을 제거한 뒤 뿌리가 손상되지 않도록 샤워기로 잔여물을 깨끗하게 세척한다.

입구가 넓은 수경 용기에 모종을 설치한다. 물은 뿌리의 70~80%가 잠기도록 채운다. 처음 일주일은 매일 물을 교체하고 2주 뒤부터는 일주일에 2회 물을 교체한다. 잎이 잠기지 않도록 주의한다.

장기적이고 안정적으로 재배하려면 반수경재배기나 자동 수경재배기에서 재배한다. 비료는 상태를 보고 필요한 경우 공급한다.

아이비 수경재배기는 실내에서 반차광 베란다~밝은 그늘에 배치하고 한여름의 직사광선은 피한다.

허약체질에 참 좋은 약초 나무

오미자

오미자과 낙엽활엽덩굴식물 *Schisandra chinensis* 꽃 6~7월 길이 9m

오미자는 과습 환경도, 건조 환경도 싫어하므로 수경재배가 어려운 편이지만 열대식물이나 화초류처럼 수경재배를 할 수 있다. 일단 목본류를 수경재배할 때는 상태 관찰이 어렵기 때문에 물주기 간격을 번번이 놓치게 된다. 처음에는 목본류의 잎이 시들지 않고 일주일 이상 견디기 때문에 잘 자란다고 생각하는데 그러다 보면 신경을 쓰지 않다가 물을 급수하는 것을 까먹고 마침내는 고사하는 것이다. 아무래도 관리가 편리한 자동 수경재배나 반수경재배로 시도하는 편이 좋을 것이다.

오미자는 암수딴그루이므로 열매를 수확하려면 암나무와 수나무 둘 다 키워야 한다. 줄기는 길이 6~9m까지 자라고 흡사 가느다란 등나무 줄기처럼 생장한다. 꽃은 4~6월에 피고 색상은 연녹색이다. 번식은 종자, 삽목, 분주법, 휘묻이법으로 할 수 있다.

오미자의 열매는 자양강장, 진해, 해수, 생진, 몽정, 유정에 좋으므로 평소 허약 체질에다 기가 허한 사람은 오미자 차를 상시 음복하면 좋다.

오미자 수경재배 가이드

준고냉지성 작물이므로 서늘한 환경을 좋아한다. 9월경에 수확한 열매에서 종자를 채취한 후 노천 매장이나 5도 저온 저장을 하여 휴면타파한 후 이듬해 3월 하순 전후에 묘판에 파종한다. 수경재배용 오미자는 봄에 꽃집에서 모종을 구입해 키우면 된다.

원예도매상가에서 오미자 모종을 구입하되 주로 봄에만 구할 수 있다.

대야에 물을 채운 뒤 모종의 뿌리만 반나절 정도 담근다. 그 뒤 흔들어서 흙을 제거한 뒤 뿌리가 손상되지 않도록 샤워기로 잔여물을 깨끗하게 세척한다.

입구가 넓은 수경 용기에 모종을 설치한다. 물은 뿌리의 70~90%가 잠기도록 채운다. 처음 일주일은 매일 물을 교체하고 2주 뒤부터는 일주일에 2~3회 물을 교체한다. 목본류는 상태 파악이 잘 안 되기 때문에 잘 자라고 있다고 생각하는데 어느 날 별안간 급속도로 고사를 진행하므로 반수경재배를 하는 것이 좋다.

장기적이고 안정적으로 재배하려면 반수경재배기나 자동 수경재배기에서 재배한다. 상태를 관찰하면서 필요한 경우 비료를 공급한다.

오미자 수경재배기는 배란다의 통풍이 잘 되는 양지~반양지에 배치한다.

국내산 공기정화 나무

금사철

노박덩굴과 상록활엽관목 *Euonymus japonicus* 꽃 6~7월 높이 1m

금사철은 가정집 화단에서 울타리 나무로 흔히 기르는 사철나무를 개량한 품종이다. 잎에 금색 얼룩무늬가 있다고 하여 금사철이라고 부르고 유사종으로는 황금사철, 은사철, 금테사철 등이 있다. 양지는 물론 그늘에서도 성장이 양호하고 토양을 가리지 않기 때문에 학교나 관공서의 울타리수로 인기만점이고 공기정화 기능도 탁월해 실내에서도 키운다. 사철나무나 금사철은 줄기가 조밀하기 때문에 가지치기를 해도 수형이 잘 나온다.

금사철의 원종인 사철나무는 가정집 정원수로 흔히 볼 수 있지만 자연계에서 자라는 종은 멸종위기 상태라서 일부 천연기념물 군락지에서나 만날 수 있다.

사철나무는 높이 3m 이상으로 자라는 반면 금사철은 높이 1m로 자란다. 원래는 한중일 극동아시아의 해안가에서 자생하는 식물이지만 정원수로 인기를 얻으면서 유럽과 미국에도 보급되었다.

금사철 수경재배 가이드

금사철은 토양을 가리지 않고 잘 자라고 건조에도 잘 견딘다. 생육 적온은 16~20도, 최저 온도는 0도이다. 번식은 종자, 삽목, 분주로 하는데 종자를 구하는 것이 어렵기 때문에 보통은 삽목으로 한다. 이른봄에는 지난해에 자란 가지로 삽목하고, 장마철과 가을에는 그 해에 자란 가지를 삽목하면 된다.

꽃집이나 원예도매상가에서 금사철 모종을 구입한다.

대야에 물을 채운 뒤 모종의 뿌리만 반나절 정도 담근다. 그 뒤 흔들어서 흙을 제거한 뒤 뿌리가 손상되지 않도록 샤워기로 잔여물을 깨끗하게 세척한다.

입구가 좁은 수경 용기에 모종을 설치한다. 물은 뿌리의 70~90%가 잠기도록 채운다. 처음 일주일은 매일 물을 교체하고 2주 뒤부터는 일주일에 2~3회 물을 교체한다. 목본류는 상태 파악이 잘 안 되기 때문에 잘 자라고 있다고 생각하는데 어느 날 별안간 급속도로 고사를 진행하므로 반수경재배를 하는 것이 좋다.

장기적이고 안정적으로 재배하려면 반수경재배기나 자동 수경재배기에서 재배한다. 비료는 상태를 관찰하면서 필요할 때 공급한다.

금사철 수경재배기는 배란다의 통풍이 잘 되는 양지~음지에 배치하되 양지가 좋다.

식물 색인(Index)